U0337867

国家自然科学基金青年科学基金项目（21806050）资助
中国矿业大学科研启动经费资助

半导体/异相芬顿复合催化材料的构建及其光催化性能的研究

Bandaoti/Yixiang Fendun Fuhe Cuihua Cailiao de
Goujian jiqi Guangcuihua Xingneng de Yanjiu

徐天缘 / 著

中国矿业大学出版社

·徐州·

内 容 简 介

本书基于半导体光催化/芬顿耦合这一新型催化技术,解决半导体催化体系光生电子与空穴易复合以及芬顿催化体系中铁循环慢等问题。本研究从改性天然纳米矿物材料入手,通过结构改性、表面修饰等方法制备了新型蒙脱石基和水铁矿基半导体/芬顿复合材料;利用现代谱学表征手段探究复合材料的结构、形貌、光吸收以及光生电子与空穴分离等性质;结合各复合材料的光催化性能,揭示半导体/芬顿复合材料的微观结构和光催化性能之间的构-效关系;从半导体光催化与异相光助芬顿原理出发,提出半导体光催化/芬顿耦合技术的催化机理。

本书可作为环境科学与工程、化学、地球化学等领域的科研和技术研究人员的参考用书。

图书在版编目(C I P)数据

半导体/异相芬顿复合催化材料的构建及其光催化性能
的研究/徐天缘著. 一徐州:中国矿业大学出版社,
2021.8

　　ISBN 978 - 7 - 5646 - 5089 - 6

　　Ⅰ. ①半… Ⅱ. ①徐… Ⅲ. ①半导体-复合材料-光

催化剂 Ⅳ. ①O643.36

　　中国版本图书馆 CIP 数据核字(2021)第167078号

书　　名	半导体/异相芬顿复合催化材料的构建及其光催化性能的研究
著　　者	徐天缘
责任编辑	何晓明
出版发行	中国矿业大学出版社有限责任公司
	(江苏省徐州市解放南路　邮编221008)
营销热线	(0516)83884103　83885105
出版服务	(0516)83995789　83884920
网　　址	http://www.cumtp.com　E-mail:cumtpvip@cumtp.com
印　　刷	苏州市古得堡数码印刷有限公司
开　　本	787 mm×1092 mm　1/16　**印张** 11　**字数** 220 千字
版次印次	2021 年 8 月第 1 版　2021 年 8 月第 1 次印刷
定　　价	48.00 元

　　(图书出现印装质量问题,本社负责调换)

前　言

　　人类活动排入水体的有害有机污染物含量远超环境水体容量,对人体健康、生态环境造成严重甚至不可逆的影响,严重制约着社会可持续发展。针对有机废水的处理,人们往往聚焦于非自然功能处理方法与技术的开发,随之而来的便是复杂昂贵的处理工艺与不可避免的二次污染问题。矿物的特殊结构使其具有净化水体有机污染物的作用,充分发挥矿物拥有的天然自净化功能来开发绿色环保材料是解决环境问题的一条潜在途径。在众多水污染控制技术中,半导体光催化和异相光助芬顿催化技术均可利用太阳光催化降解有机污染物,且降解反应一般在常温常压下进行,具有高效、环保、能耗低等优点。近年来,天然纳米矿物已广泛应用于半导体光催化和异相光助芬顿催化领域去除有机污染物。但已有的研究显示,单一的纳米矿物光催化效率较低,其实际应用受到限制。此外,在异相光助芬顿体系中,Fe^{3+}的还原过程是控制催化速率的主导因素,而在半导体光催化体系中,引入电子受体可促进半导体催化剂的光生电子与空穴分离。因此,通过改性纳米矿物或者将其与半导体材料复合处理,制备新型半导体/芬顿复合材料,有望通过产生协同效应来提高催化剂效能,进而提高纳米矿物在环境污染物治理领域的应用价值。

　　本书总结了著者几年来在环境地质材料研发及其半导体光催化/芬顿耦合技术应用的研究成果,主要解决半导体催化体系光生电子与空穴易复合以及芬顿催化体系中铁循环慢等问题,包括基于天然矿物蒙脱石(Mt)和水铁矿(Fh)独特的物理化学性质,通过结构改性、表面修饰等方法制备了新型蒙脱石基半导体/芬顿复合材料——Ag_3PO_4/Fe-Al/Mt、$BiVO_4$/Fe/Mt,以及水铁矿基半导体/芬顿复合材料——$BiVO_4$/Fh、富勒醇/水铁矿(PHF/Fh)。主要研究内容有:① 异相芬顿催化剂(Fe-Al/Mt)对 P 型半导体材料(Ag_3PO_4)结构稳定性和光催化性能的影响机制;② N 型半导体材料($BiVO_4$)对异相芬顿催化剂(Fe/Mt)结构稳定性和光催化性能的影响机制;③ 半导体材料 $BiVO_4$ 与 Fh 的协同光催化机制,阐明了半导体光催化剂与 Fh 在光催化过程中的电子转移机制;④ 纳米碳材料富勒醇(PHF)对异相芬顿催化剂(Fh)光催化降解酸性红 18 性能的影响机制以及催化体系中酸性红 18 的降解途径。相关研究为环境友好型、可见光响应以及可应用于中性环境下的异相光助芬顿催化剂的合成提供了新思路,同时也希望本书的出版能为基于天然矿物的水污染控制材料的研发和利用提供一些参考与借鉴。

　　本书的相关研究工作及出版得到了国家自然科学基金青年科学基金项目(21806050)和中国矿业大学科研启动经费的资助。本书主要是在导师朱润良研究员指导完成的博士学位论文的基础上修改完善而成的,在此对朱润良研究员表示由衷的感谢。此外,对本书相关研究工作提供过帮助与支持的老师和学生表示诚挚的谢意。

　　由于水平和时间有限,书中难免存在不足之处,敬请读者批评指正。

著　者

2021 年 5 月

目　　录

第一章 绪 论

第一节 引 言

　　水环境保护是当前人类社会广泛关注的一个问题。随着我国工业化和城市化进程的加快,排放进入水体中的有机污染物种类和含量急剧增加,对地表水和地下水环境造成了严重的污染,已严重影响到经济发展和人体健康。当今,水污染处理工艺主要包括物理法、化学法和生物法(Qu et al. ,2019;Salgot et al. ,2018;Zhang et al. ,2012a;Zhao et al. ,2009)。这些废水处理方法各有优点,但也存在不足之处:① 物理法是将污染物从水相转移到其他相,污染物自身不会发生降解,因而容易产生二次污染;② 化学法主要是依靠强氧化剂降解污染物,费用太高;③ 生物处理成本较低,但一般周期很长,同时对降解污染物具有选择性(Paździor et al. ,2019;Salgot et al. ,2018;Inglezakis et al. ,2006;Herney-Ramirez et al. ,2010)。因此,越来越多的研究者致力于研制高效、环境友好、价格低廉的有机废水处理方法。高级氧化法(Advanced Oxidation Process,简称AOP)可通过氧化提高有机污染物可生化性或直接将其矿化分解,对于成分复杂、毒性大且难生化降解的染料废水的处理具有很大优势,是一种极具应用前景的废水处理技术(Cai et al. ,2020;Chuang et al. ,2019;Demeestere,2007;Roudi et al. ,2015)。

　　半导体光催化和异相光助芬顿催化均属于 AOP 技术,它们最大的优势在于在常温常压下可直接利用太阳能生成具有强氧化性的活性自由基,如羟基自由基(•OH),可使有机污染物降解成低毒或者无毒的小分子物质,甚至矿化成无毒无害的二氧化碳和水(Wang et al.,2020c;Hu et al.,2019a;Chan et al.,2011;Herney-Ramirez et al.,2010;Einmozaffari et al.,2009)。在异相光助芬顿体系中,控制光助芬顿催化速率快慢的因素是 Fe^{3+} 还原成 Fe^{2+} 的速率,因此在光助芬顿体系中引入电子供体可提高芬顿反应效率。而在半导体体系中,引入电子受体可促进光生电子与空穴分离,从而提高半导体光催化效率。Ge 等(2012)发现在光催化反应体系中添加 Fe^{3+} 可以接收 $BiVO_4$ 所产生的光生电子,从而能有效地抑制 $BiVO_4$ 的光生电子和空穴复合,进而提高了罗丹明 B 的催化降解效率。因此,理论上选择合适的半导体与异相光助芬顿试剂组成复合材料的方法,既能促进半导体催化剂的光生电子与空穴分离,又可以促进异相光助芬顿试剂在可见光区域 Fe^{3+} 还原,从而同时提高半导体和芬顿试剂的催化活性。

矿物是地球的"细胞"、元素的主要载体(鲁安怀,2002),它在土壤、大气飘尘和水体悬浮颗粒物中的含量可达 90%(陈静生 等,2000)。大部分的矿物具有一些特殊的结构性质和物理化学性能,如黏土矿物的离子交换性能(Robin et al.,2017),沸石和硅藻土的孔道效应(Hong et al.,2019;Suppes et al.,2004),水铁矿等铁氧化物的纳米效应及芬顿催化性能(Xia et al.,2018;Giannakis et al.,2017;Cismasu et al.,2012;Barreiro et al.,2007),磁铁矿、赤铁矿、黄铁矿、锐钛矿等的日光催化作用(Bibi et al.,2019;Li et al.,2017b;Sivula et al.,2011)等,均能有效地去除水体中的有机污染物。目前,天然矿物已被广泛应用于水体污染处理、大气污染防治以及土壤污染治理,且矿物处理方法具有环境友好、成本低、效果好、不出现二次污染等优势,是污染治理与环境修复领域的新方向(鲁安怀 等,2020;任桂平 等,2020;Ismadji et al.,2015)。近年来,天然纳米矿物在半导体和异相光助芬顿催化领域应用于有机污染物的去除成了地球化学、矿物学、环境科学与工程等领域的一个研究热点。

本章将系统地介绍半导体光催化和异相光助芬顿催化的原理及研究进展,并对矿物纳米材料在这两个催化领域的应用现状进行介绍,进而提出本书的研究思路和研究内容。

第二节　半导体光催化研究进展

Fujishima 等(1972)在《自然》杂志上首次发表了关于 N 型半导体 TiO_2 电极光解水的论文,从此半导体光催化技术的基础理论以及如何提高光催化性能就成了光催化领域的研究热点。随后,Carey 等(1976)在光催化降解水中污染物方面进行了开辟性的工作,开创了光催化技术在水污染处理领域的应用,从此掀起了全世界研究学者对半导体光催化技术这一新兴领域的研究热潮。

一、半导体光催化机理

光催化原理较为复杂,目前倾向于用能带理论来解释。半导体晶体中的电子按能量高低从低能级向高能级依次排列,各能级之间是分立的,充满电子的最高能量的能级就是价带(VB)顶,而空的能级被称为导带(CB),从导带底端到价带顶端之间的能级差即为禁带宽度(包建兴,2016;Etacheri et al.,2015)。

当半导体受到能量大于或等于其禁带宽度的光照射时,价带的电子会被激发跃过禁带到达导带,并在价带留下空穴(Wu,2018)。对于有机污染物的降解过程而言,空穴本身具有氧化性,可以直接或者与溶液中的 H_2O、OH^- 结合成 $\cdot OH$ 而氧化降解有机污染物。跃迁至导带的电子具有还原性,一般可与半导体表面吸附的溶解氧反应生成 $O_2^{\cdot-}$ 等活性基团,这些活性自由基能将有机物大分子降解为其他小分子有机物,甚至矿化成二氧化碳和水,并在反应过程中自身不发生变化(Pang et al.,2021;Chen et al.,2011)。

电子和空穴的迁移速率和概率由半导体导带、价带的位置以及被吸附污染物氧化还原电位的高低来决定(Marschall,2014),如果导带的位置高于被吸附污染物的还原电势,则被吸附污染物就有可能被还原,如图 1-1 所示。产生的光生电子和空穴也有可能在半导体光催化剂的内部或表面发生复合,并以热能或其他形式散发掉。当催化体系存在电子或空穴捕获剂或半导体表面存在缺陷时,会促使半导体的光生电子和空穴分离,从而促进半导体表面氧化还原反应的发生。

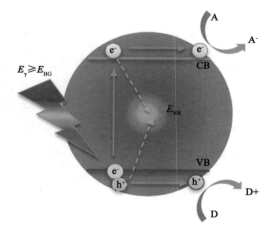

图 1-1　光催化原理示意图

二、半导体光催化的应用研究

半导体光催化技术主要应用于环境治理和能源催化等领域。

(一)环境治理

半导体光催化应用于环境治理领域具有以下优势:① 光催化反应可在常温常压下进行,无须加热加压,仅需低功率的光源,成本低廉;② 可将有毒有害有机污染物彻底矿化成无毒的二氧化碳和水,且大部分光催化剂(如 TiO_2)无污染、无毒,不会造成二次污染;③ 半导体光催化剂效率高,使用周期长。

由于光照半导体产生的空穴和光生电子具有很强的氧化性和还原性,对于污水中的染料(Li et al.,2019b)、含氮有机物(Tang et al.,2011)、烃/卤代有机物(包括卤代羧酸、卤代脂肪烃、卤代芳香烃)(Akerdi et al.,2019;Li et al.,2019b)、羧酸(Dobson et al.,2000)、有机磷杀虫剂(Konstantinou et al.,2001)、表面活性剂(Palmer et al.,2018)、除草剂(Vaya et al.,2020)等有机物均有很好的去除效果,可将它们分解、氧化

成为低毒或无毒小分子,甚至可彻底矿化为二氧化碳和水等。例如,
El Hajjouji等(2008)发现使用 TiO_2 作为光催化剂能有效地处理橄榄油
废水,反应 24 h 后橄榄油废水中的苯酚去除率能达到94%。而在西班
牙,早已将光催化技术应用于工业废水处理中,并在 PSA 中心建造了欧
洲第一台工业规模的废水处理反应装置,用于处理含苯乙烯、苯酚等有机
污染物的树脂厂废水(Fernández-Ibáñez et al.,2015)。同时,也有大量
研究表明,半导体光催化技术也可应用于大气污染治理和土壤修复
(Zhang et al.,2019;Huang,2010)。例如,Chen 等(2012a)利用 TiO_2 的
强氧化能力将汽车尾气中的氮氧化物、CO 转化成无毒无害的 N_2 和二氧
化碳。

同时,半导体光催化还可用于杀死一些微生物,如酵母菌和大肠杆
菌,在医疗卫生等方面都将给人类带来极大的益处(Geng et al.,2021;
Gong et al.,2019)。半导体灭菌的原理为:在光催化灭菌过程中生成的
活性自由基如 $O_2^{\cdot-}$ 和 $\cdot OH$ 能有效地穿透细菌的细胞壁,损坏细胞膜进
入菌体,能高效地阻止成膜物质的传输,阻断其电子传输系统和呼吸系
统,因而可有效地杀灭细菌,并抑制其分解生物质产生臭味物质,如硫化
氢、氨气、硫醇等。相比于传统的有机/无机抗菌剂,半导体光催化杀菌
具有广谱性、持久性、耐热性、不易产生耐药性、杀菌彻底等优点,还具
有极高的安全性。含 TiO_2 催化剂的墙砖和地砖具有杀菌和消毒功能,
对金色葡萄球杆菌、大肠杆菌、沙门氏菌等有抑制和杀灭作用,因而被
广泛应用于环境中的细菌净化,如中央空调系统、医院、制药车间等
(Abidi et al.,2019)。另外,半导体催化剂普遍稳定性较好,使用周期
长。目前,随着新型无机抗菌剂的研发与抗菌加工技术进展的加快,在
国内外已经实现了光催化应用的产业化。其中,日本是全球较早在
TiO_2 光催化抗菌材料领域开展研究的国家之一,如日本东陶等多家公
司研发的 TiO_2 抗菌卫生洁具和瓷砖已经投放市场,并获得了不俗反响
(姚恩亲 等,2003)。

(二) 能源催化

半导体在能源催化领域主要应用于光解水制氢、产氧以及二氧化碳

还原。

光催化分解水产氢、产氧均是将光能转变为化学能的过程,此过程不能自发进行,需要光源提供能量。要使水分解反应进行,半导体光催化剂的导带和价带位置必须与水的氧化还原电位相匹配,即半导体光催化剂价带能级要比水的氧化电位更正,而导带的能级则需比水的还原电位更负(Elemike et al.,2019;Wang et al.,2017;Liu et al.,2013a,2014a),如图 1-2 所示。

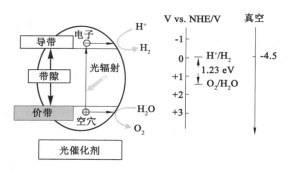

图 1-2　光催化分解水原理示意图

因此,半导体受光辐射时,导带上的光生电子可将水还原成氢气,价带上的空穴则可以将水氧化成氧气。Galinska 等(2005)发现在电子牺牲剂存在的条件下,Pt-TiO_2 催化剂能高效地产氢气,并系统探讨了多种电子牺牲剂(甲醇、Na_2S、EDTA-2Na、I^- 和 IO_3^-)对产氢气率的影响,研究结果发现 Na_2S 和 EDTA-2Na 作为电子牺牲剂时产氢气率最高。

近年来,大气中二氧化碳含量不断增加,对全球气候产生了巨大的影响,所以全球气候变暖等问题受到了越来越密切的关注。1997 年 12 月,在日本京都通过的《京都协议书》对各国二氧化碳的排放量进行了限定(魏忠杰,2003)。同时,随着工业的快速发展,对化石燃料不断增长的需求与越来越少的化石燃料储存量产生矛盾,因此利用二氧化碳作为自然碳源生产有机能源成为能源领域的研究热点。而通过模拟植物的光合作用,用半导体催化剂光化学还原二氧化碳是二氧化碳转化利用的一条较好途径。目前,已有研究报道采用光催化反应可将二氧化碳还原得到

HCOOH、HCHO、CH_3OH 等产物（Zhang et al.，2020b；Maeda，2019；Ran et al.，2018）。

三、半导体光催化剂的改性方法

半导体光催化技术虽然有众多优势，也有良好的发展前景，但是也存在一些问题，比如半导体光催化剂的量子效率低等问题（Jang et al.，2004）。半导体光催化剂量子效率低主要是因为光催化过程中产生的光生电子和空穴易复合。目前，解决半导体光催化剂光生电子与空穴易复合的方法主要有：多种半导体复合形成异质结、掺杂（金属元素掺杂、非金属元素掺杂）以及与可作为电子受体的材料复合等（Kosco et al.，2020；Behura et al.，2019；Ayodhya et al.，2018；Guo et al.，2017）。

（一）异质结

异质结由两种能带隙不同的半导体组成，利用内建电场使得光生电子和空穴的传输具有定向性，从而能有效地将光生电子和空穴分离（Sharma et al.，2019；Lin et al.，2016；Di Bartolomeo，2016；Wang et al.，2014b）。通常形成异质结的条件是：两种半导体有相近的原子间距和热膨胀系数，以及相似的晶体结构。半导体按照光催化剂的导电类型，可分为 P 型半导体和 N 型半导体（Wang et al.，2014b）。P 型半导体，也称为空穴型半导体，在该类半导体中空穴浓度远大于自由电子浓度。N 型半导体，也称为电子型半导体，在该类半导体中自由电子浓度远大于空穴浓度。图 1-3 所示为常见的 P 型半导体和 N 型半导体。而根据组成异质结的半导体类型，异质结可分为同型异质结（PP 结或 NN 结）和异型异质结（PN 结）。其中，PN 结的光生电子与空穴分离效果要优于 PP 结或 NN 结，这主要是因为在 PN 结界面由于 N 型区内自由电子浓度远高于空穴，而 P 型区内空穴浓度远高于自由电子，因此在它们的交界处就出现了电子和空穴的浓度差。由于自由电子和空穴浓度差的原因，有一些电子从 N 型区向 P 型区扩散，也有一些空穴要从 P 型区向 N 型区扩散，从而促进了光生电子与空穴的分离。

异质结中按照两种半导体的导带位置和价带位置可分为三种，如

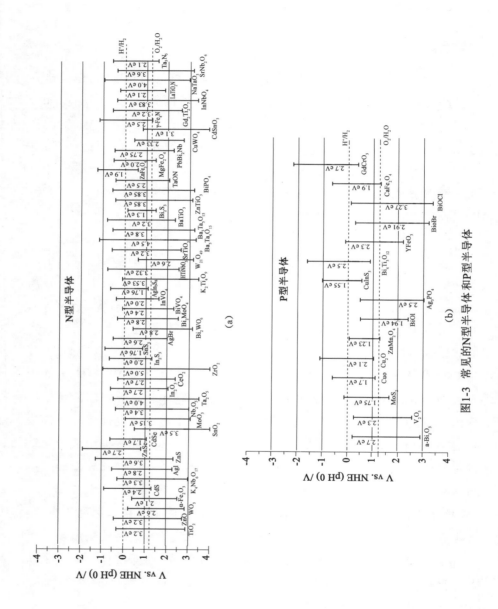

图1-3　常见的N型半导体和P型半导体

图 1-4 所示。第一种类型为半导体 A 的导带位置低于半导体 B 的导带位置，而半导体 A 的价带位置也低于半导体 B 的价带位置，光生电子可从半导体 B 的导带转移至半导体 A 的导带，光生空穴也可从半导体 B 的价带迁移至半导体 A 的价带，从而在半导体 A 上积累大量载流子。第三种类型为半导体 A 的价带位置低于半导体 B 的导带位置，半导体 A 与半导体 B 中各自的光生电子与空穴均不会发生迁移。因此，这两种方式的结合均不会促使半导体光生电子与空穴分离，光催化活性也不会有所提高。

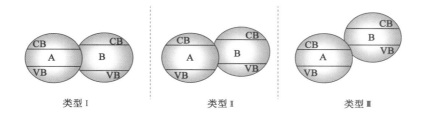

图 1-4　异质结的类型

目前，大部分研究报道的光催化复合材料异质结为第二种异质结类型，该类型中由于半导体 A 的导带位置低于半导体 B 的导带位置，而半导体 A 的价带位置高于半导体 B 的价带位置，所以光生电子能从半导体 B 的导带转移至半导体 A 的导带，而光生空穴则从半导体 A 的价带迁移至半导体 B 的价带，从而能高效地分离光生电子与空穴，进而提高光催化活性。

早在 1984 年，Serpone 等（1984）就报道了 CdS/TiO_2 复合材料异质结，研究发现 CdS 半导体导带上的光生电子可转移至 TiO_2 的导带，TiO_2 半导体价带上的光生空穴可转移至 CdS 的价带，如图 1-5 所示，从而光生电子与空穴能有效地分离，并高效地降解有机污染物。Li 等（2012b）制备了一种异质结材料 $Bi_2O_3/BiWO_6$，该复合材料在 500 W 氙灯辐射下 3 h 内降解罗丹明 B 的效率可高达 95%，而单独的 Bi_2O_3 和单独的 $BiWO_6$ 降解罗丹明 B 的效率分别只有 2% 和 8%，由此可见，异质结能高效地提高光催化材料催化降解有机污染物的性能。

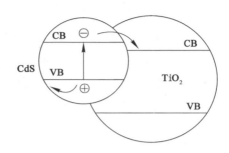

图 1-5　CdS/TiO$_2$ 光催化原理图

（二）掺杂

半导体掺杂主要分为金属掺杂和非金属掺杂。

常见的金属掺杂离子以过渡金属离子为主，如 Cu^{2+}、Fe^{3+}、Mo^{5+}、V^{4+}、Mn^{3+} 等。通常这些金属离子是电子的有效受体（Zhao et al.，2017；Thuy et al.，2012；Liau et al.，2007），可以捕获半导体导带中的光生电子，从而可以有效地减少半导体光催化光生电子与空穴的复合，进而可以提高其催化活性。此外，金属离子掺杂可以引起半导体晶格中产生晶体缺陷，能显著地影响光生电子与空穴复合，归因于掺杂的金属离子可能成为光生电子或空穴的陷阱，从而可以延长催化寿命。一般纯金属氧化物的催化活性低，但可以通过引入缺陷提高其催化活性。例如，Liu 等（2013b）通过一步溶剂热法将 Fe^{3+} 掺杂进入锐钛矿 TiO_2 晶格中后发现，这样可显著促进 TiO_2 光生电子与空穴的分离，复合材料光催化降解亚甲基蓝的效率将近 100%，而 P25（平均粒径为 25 nm 的锐钛矿和金红石混合相的 TiO_2）体系的亚甲基蓝的降解效率仅为 31.2%。

非金属掺杂一般是通过减小禁带宽度或形成杂质能级来提高光催化效率。相对于金属掺杂来说，非金属元素电子结构与氧原子比较接近，对晶格体系的影响较小。目前，研究最为广泛的非金属掺杂元素有 N、C、S 等（Gaul et al.，2018；Kumar et al.，2017；Zou et al.，2017；Qi et al.，2012）。例如，Chen 等（2008）制备了不同非金属（N、S、C）掺杂 ZnO 的复合材料，研究发现，N、S、C 掺杂进入 ZnO 后均能有效地减小 ZnO 的禁带宽度,降低了 ZnO 的光生电子与空穴复合的概率,掺杂后的 ZnO 在可见光辐射下可有效地降解酸性橙 7 和苯酚。

(三)共轭 π 材料复合

共轭 π 材料含有共轭大 π 键,具有 HOMO 和 LUMO 轨道,能吸收可见光产生光激发态,可与半导体光催化剂发生相互作用形成化学键(Cornil et al.,2001)。在光催化过程中,共轭 π 材料可以把 π 电子从 HOMO 轨道激发到 LUMO 轨道。当 LUMO 轨道的能级与光催化剂的导带结构匹配时,共轭 π 材料的激发态电子就可以从 LUMO 轨道注入半导体光催化剂的导带,再从导带迁移至表面与溶解氧结合形成 $O_2^{\cdot-}$,从而提高可见光催化活性(Yu et al.,2019)。因此,共轭 π 材料复合不仅可以提高半导体光催化性能,还可以抑制光腐蚀的发生。在光催化领域中,常见的共轭 π 材料有氧化石墨烯(Singh et al.,2020;Williams et al.,2009)、富勒烯(Li et al.,2017a;Kamat,1991)、富勒醇(Lim et al.,2014)、氮化碳(Yang et al.,2021;Yan et al.,2011)、碳纳米管(Li et al.,2017a;Salimian et al.,2016)等。

清华大学朱永法教授课题组在 2007 年就已经通过简单的甲苯相吸附方法制备了单分子层富勒烯/Bi_2WO_6 复合材料,并将该材料用作光催化剂降解亚甲基蓝和罗丹明 B。研究结果表明,富勒烯的表面修饰不会改变 Bi_2WO_6 的晶体结构,并且当富勒烯含量为 1.25 wt% 时,复合材料具有最高的光催化活性。相比于纯 Bi_2WO_6,富勒烯/Bi_2WO_6 复合材料可见光辐射下光催化降解亚甲基蓝和罗丹明 B 的速率分别提高了 5.0 倍和 1.5 倍;在模拟太阳光辐射下,光催化速率可分别提高 4.6 倍和 2.1 倍。他们认为富勒烯/Bi_2WO_6 复合材料具有高催化活性的原因是富勒烯具有离域共轭 π 电子结构,可与 Bi_2WO_6 形成化学键,从而有利于光生电子与空穴的高效分离。此外,富勒烯/Bi_2WO_6 复合材料还具有良好的稳定性,经紫外光辐射 10 天后,复合材料的催化活性并未明显降低。

第三节　光助芬顿氧化法研究进展

一、芬顿氧化法机理

均相芬顿法是一种深度氧化技术,主要是依靠 Fe^{2+} 和 H_2O_2 之间发生的一系列链反应催化生成活性自由基(以·OH 自由基为主)氧化降解各种有毒和难生化降解的有机物,从而达到去除污染物的目的(Jiang et al.,2020;Xiang et al.,2020;Neyens et al.,2003)。芬顿法特别适用于难以生物降解或一般化学氧化法难以处理的有机污染物废水(如垃圾渗滤液、印染废水等)的氧化处理(Chamarro et al.,2001)。然而,限制均相芬顿速率的关键因素是 Fe^{3+} 的还原,大量的研究表明光(<580 nm)的引入能加快 Fe^{3+} 的还原,这一过程也被称之为光助芬顿反应。然而均相芬顿和光助芬顿反应后均会产生大量的污泥,并且水体中的 Fe 离子难以从反应体系分离,不仅造成了催化剂的流失,而且还可能引发二次污染等问题(Herney-Ramirez et al.,2010;Jiang et al.,2019)。因此,制备价廉易得、易于回收利用、环境友好型的异相光助芬顿催化剂具有很好的发展前景。

常见的异相光助芬顿试剂为各种铁氧化物,如磁铁矿、赤铁矿和针铁矿等(Yu et al.,2021;Zhang et al.,2012b,2020a;Bokare et al.,2014;Minella et al.,2014)。还有一类为使用载体负载各种形式铁的复合材料,如羟基铁柱撑蒙脱石等(Wang et al.,2018b;Rahim et al.,2014;González-Bahamón et al.,2011)。异相光助芬顿反应中活性自由基主要来源于两部分:一部分是异相光助芬顿试剂在反应过程中浸出来的 Fe 离子与 H_2O_2 反应产生的活性自由基(反应过程实质为均相反应);另一部分是异相光助芬顿试剂表面的固态 Fe 离子与 H_2O_2 反应产生的活性自由基(Chen et al.,2009a)。具体机理如图 1-6 所示,异相光助芬顿试剂在紫外光或可见光的照射下,固态表面的 Fe^{3+} 被光解还原成 Fe^{2+},固态 Fe^{2+} 与体系中的 H_2O_2 反应产生活性自由基(主要以·OH 为主),活性自由基具有强氧化性,能将体系中的有机污染物氧化成一些中间产物——二氧化碳和水。而生成的中间产物会捕获异相光助芬顿试剂表面的 Fe^{3+} 形成络合物,该络合物在紫外光或可见光的照射下发生氧化还原反应,中间有机产物被矿化成二氧化碳,Fe^{3+} 被还原成 Fe^{2+},Fe^{2+} 继续与体系中的 H_2O_2 反应后产生活性自由基和 Fe^{3+},随着有机物的逐渐矿化,游离的 Fe^{3+} 可回到异相光助芬顿试剂表面。

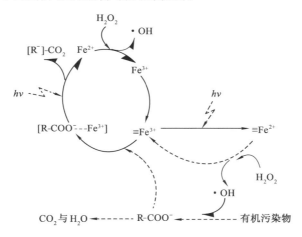

图 1-6　异相光助芬顿催化机理

二、异相光助芬顿反应的应用研究

异相光助芬顿反应具有高效和环境友好等优势,在环境修复领域有广泛的应用,尤其是针对一些使用传统技术难以处理的废水,如具有成分复杂、化学性质稳定、难以生化处理的农药废水、制药废水、填埋场渗滤液以及印染废水等。

（一）农药废水处理

我国是个农业大国,使用农药量逐年递增,农药已经成为农村水污染问题的主要来源。农药的化学结构复杂,具有一定的生物毒性,传统的生物法难以将其处理。前人研究表明,异相光助芬顿反应对农药有很好的去除效果（Goncalves et al.，2020；Mei et al.，2019；Banić et al.，

2011；Mazille et al.，2010）。例如，Kaur 等（2015）使用铸造用砂作为异相光助芬顿试剂降解除草剂异丙隆，当催化剂剂量为 0.5 g/L、H_2O_2 浓度为 2.2 mmol、异丙隆浓度为 25 mg/L、pH 值为 3 时，太阳光辐射下反应 150 min 异丙隆去除率可高达 97%。Vilar 等（2012）发现异相光助芬顿反应与生物处理法联合应用可以快速有效地降解农药废水，针对混合农药废水（COD 为 1 662～1 960 mgO_2/L，DOC 为 513～696 mgC/L，BOD_5＝1 350～1 600 mgO_2/L）可采用三个步骤来处理：① 通过生物处理法去除大部分能生物降解的有机物；② 进行太阳光助芬顿处理能提高农药废水的可生化性；③ 使用生物氧化法去除残留的可生物降解的有机碳。其中，步骤②的太阳光助芬顿反应去除的农药废水矿化率可高达 79%。

（二）制药废水处理

制药废水主要包括合成药物生产废水、抗生素生产废水、中药生产废水以及各类药剂生产过程的洗涤水和冲洗废水四大类（李宇庆 等，2009）。该类废水成分复杂、有机物含量高、色度深、毒性大、含盐量高、可生化性差，属于难处理的工业废水。如何有效地处理制药废水是当今水环境保护的一个重大难题。相关研究发现，光助芬顿技术能有效地处理制药废水（Wang et al.，2021；Ling et al.，2020；Changotra et al.，2019；Bansal et al.，2018；Lima et al.，2017；Novoa-Luna et al.，2016；Rodríguez-Gil et al.，2010）。Sirtori 等（2009）采用光助芬顿与生物处理法相结合技术处理实际制药废水（溶解性有机碳浓度为 775 mg/L，主要成分为抗生素萘啶酸），先使用光助芬顿反应处理提高废水的可生化性，后采用生物反应器处理。研究结果发现当反应 190 min 后，萘啶酸的去除率能达到 100%，总 DOC 去除率为 95%。

（三）印染废水处理

印染废水主要来源于加工麻、棉、化学纤维及其生产纺织产品为主的印染厂。在纺织品的染色过程中，高达 15% 的染料会随废水排放，产生高色度的印染废水。我国印染废水的年排放量高达 $1.6×10^9$ m^3，每天数百万吨未经处理或处理不达标的印染废水排入江河湖泊，严重地污染了水体环境(Dias et al.,2016;Chen et al.,2009b;Kasiri et al.,2008)。印染废水是国内外公认的较难处理的工业废水之一,具有可生化性差、成分复杂、难降解等特点。一般传统生化处理工艺,处理效果较差,难以达到《污水综合排放标准》的一级标准。近年来,应用异相光助芬顿技术处理印染废水的研究越来越受关注(Cabrera-Reina et al.,2019;Bansal et al.,2018)。Feng 等(2004)发现羟基铁柱撑蒙脱石是一种优良的异相光助芬顿试剂,能有效地降解罗丹明 B、亚甲基蓝、橙黄 Ⅱ 等,当催化剂剂量为 0.5 g/L、pH 值为 3、H_2O_2 浓度为 10 mmol 时,在紫外光辐射下各印染废水的 TOC 去除率均能达到 90% 以上。我们之前的研究也发现羟基铁铝柱撑蒙脱石在紫外光和模拟太阳光辐射下均能高效地降解偶氮罗丹明 B(Xu et al.,2013,2014)。

(四)垃圾渗滤液处理

随着城市建设的快速发展和城镇人口数量的增长,城市垃圾量剧增。它们在堆放、填埋处理过程中会产生多种代谢产物和水分,形成渗滤液,破坏周围土壤的生态平衡,降低土壤活力,造成土壤或水源污染。芬顿反应的强氧化性使其可以去除渗滤液中的多种有机物,因此近年来使用光助芬顿反应对渗滤液进行处理的研究也较广泛(Usman et al.,2020;Göde et al.,2019;Sruthi et al.,2018;Vilar et al.,2011;Hermosilla et al.,2009;Primo et al.,2008)。Aneggi 等(2012)采用铁掺杂氧化铈作为异相光助芬顿试剂处理渗滤液,研究结果发现经过处理后的渗滤液矿化率可到达 50% 以上,可生化性得到了明显改善。

三、异相光助芬顿改性研究

异相光助芬顿虽然能高效地去除水体中的各类有机污染物,但是也存在一些限制其大规模应用的缺点:

(1)pH 值适应范围窄。前人研究表明,光助芬顿反应过程对反应体系的 pH 值变化非常敏感,而光助芬顿反应的最适 pH 值范围为 2.8～3.5(Nichela et al.,2015)。当 pH 值上升时,光助芬顿反应对污染物的去除效果呈明显下降趋势,主要是因为在较高 pH 值条件下浸出来的 Fe 离子会形成氢氧化铁化合物沉淀。另外，由于固体中 Fe^{3+} 的还原速率要远远低于液相中 Fe^{3+} 还原成 Fe^{2+} 的速率，从而使催化活性降低（Usman et al.，2020；Ma et al.，2015；Babuponnusami et al.，2012）。同时，H_2O_2 分解所产生的•OH 的氧化势能随 pH 值的升高也呈下降趋势，导致反应的催化活性下降（Babuponnusami et al.，2012）。

（2）对可见光或太阳光的利用率低。研究表明，当 UV 光的波长从 254 nm（UVC 区域）增加到 365 nm（UVA 区域）时，光助芬顿反应的速率常数会变小。但在紫外光助芬顿反应中，紫外光要靠人工光源产生，成本较高，对实际应用的限制较大，并且到达地球表面的太阳辐射中 UV 只占 3%～5%。因此，目前的研究趋势已从减少能源成本的 UVC 辐射转移到了可见光辐射上。

为了克服以上缺点，国内外学者不断研究新的方法对催化剂进行改良，以期提高其催化效率。目前，改善光助芬顿试剂催化效率的主要措施有以下几个方面：

（一）掺杂

对异相光助芬顿试剂掺杂其他离子可以改变催化剂的晶体结构和催化性能（Guo et al.，2020；Han et al.，2020a，b；Xu et al.，2016a；Ramos et al.，2015；Fei et al.，2013；Nesic et al.，2014）。例如，双金属柱撑蒙脱石（Fe-Al、Fe-Cu 等）能显著地提高单独羟基铁柱撑蒙脱石在可见光下的催化活性，且还可拓宽其适用的 pH 值范围（Huang et al.，2014a；Li et al.，2005，2006）。Han 等（2011）发现使用 Fe-Cu 双金属修饰偕胺肟改性聚丙烯腈纤维（AO-PAN）复合材料可以大大提升其可见光辐射下芬顿催化降解染料废水的活性。Chai 等（2016）使用 Cu_2O 掺杂 Fe_3O_4/C 制备了异相光助芬顿试剂 $Fe_3O_4/C/Cu_2O$，该材料可在可见光辐射下 60 min 内完全降解 100 mg/L 中性的亚甲基蓝，这主要归因于 Cu_2O 和 Fe_3O_4/C 的协同作用能快速有效地分解 H_2O_2 产生•OH。

（二）有机物光敏化

有机物光敏化是指利用能吸收可见光的有机物来提高异相光助芬顿在可见光辐射下的催化性能（Kohantorabi et al.，2019；Liu et al.，

2014b)。有机物光敏化过程基本是指有机敏化剂吸收某一波段的可见光后,首先从基态通过吸光跃迁到单线态激发态,再通过系间穿越转变到三线激发态,当三线激发态分子回到基态时将能量转给 Fe^{3+},使其发生还原反应转变成 Fe^{2+},从而可以提高异相光助芬顿试剂的催化活性。许多染料(亚甲基蓝、罗丹明 B 等)、颜料(叶绿素等)和芳香族碳氢化合物(酞菁、卟啉)可作为光敏化剂(Gao et al.,2020;Wang et al.,2020d;Neves et al.,2019;Carrenho et al.,2015;Cheng et al.,2008)。Tang 等(2016)制备了铁酞菁络合物插层水滑石复合物(FePcS-LDH)异相光助芬顿催化剂,研究结果表明 FePcS-LDH 在波长 350~650 nm 范围内有很强的吸收性,并且在中性可见光条件下能高效地降解亚甲基蓝,反应 180 min 后 TOC 去除率可达到 76.5%。

(三)添加有机配体

与上述有机物光敏化相比,添加有机物配体的作用主要有两种:一种是指通过有机物与异相光助芬顿试剂形成络合物来降低 Fe^{3+}/Fe^{2+} 的氧化还原电位,从而降低 Fe^{3+} 还原成 Fe^{2+} 过程的难度,进而可以提高光助芬顿催化体系的·OH 含量;另一种是指铁羧酸类络合物的 Fe 离子与激发态的羧酸类有机物可发生配体-金属电荷转移(LMCT)过程,也称为光至脱羧过程,该过程也可实现 Fe^{3+} 向 Fe^{2+} 的快速还原过程(Feng et al.,2020;Guo et al.,2019)。常用的有机配体有草酸、酒石酸、甘氨酸、乙二胺四乙酸等(Guo et al.,2019;Dai et al.,2018;Chen et al.,2011;Wang et al.,2011a;Serra et al.,2011)。例如,吴晓琼等(2004)制备了 Fe(Ⅲ)草酸络合物,并将其用作异相芬顿试剂,研究其在阳光辐射下催化降解蒽醌染料活性艳蓝 K-3R。研究结果发现,草酸根离子的引入能显著增强芬顿催化效果,当添加 0.5 mmol/L 的草酸根离子时,反应 60 min 后体系中活性艳蓝 K-3R 的脱色率由 52.4% 增加至 79.3%。

第四节 复合催化体系的研究进展

虽然单一的催化体系(如半导体催化体系和异相光助芬顿催化体系)在一定程度上可以较好地去除有机污染物,但是仍需进一步提高其催化效率,因此仍需寻找能实现最大效果化的催化技术。目前,越来越多的研究致力于探讨复合催化体系的联用技术。研究发现,多种催化体系之间可以产生协同效应,能显著地提高污染物的去除效果。

目前已报道的复合催化技术有光催化/电化学耦合技术(Liu et al.,2018a)、光催化/超声耦合技术(Giannakoudakis et al.,2020)、光催化/臭氧耦合技术(Da Costa Filho et al.,2019)以及等离子体/光催化耦合技术(Zadi et al.,2018)等。

一、光催化/电化学耦合技术

电化学氧化法是指在电解反应池中,外加电场作用于电解电极上,经过复杂的电化学反应和传质过程,在电极表面与电解液中都能够产生大量的活性自由基,再利用这些高氧化性的活性自由基对废水中的污染物进行降解的过程(He et al.,2019;Murgolo et al.,2019;Shetti et al.,2019;Martinez-Huitle et al.,2018;李婧 等,2012;Shan et al.,2009)。光催化/电化学耦合法使用半导体作为反应器的光阳极,但是需对其额外施加一定的偏电压。光生电子在偏电压的作用下会迁移至外电路,从而与空穴异向分离,在有效抑制光生电子与空穴复合的同时,空穴也会在催化剂表面不断积累,形成高效活性位点,可用于降解污染物(Kumar et al.,2020;Murgolo et al.,2019;Liu et al.,2018b;Qin et al.,2015;Shankar et al.,2009)。目前,光催化/电化学耦合法中的半导体通常选用 N 型半导体催化剂,其中研究最多的是 TiO_2 光催化剂。Macedo 等(2007)以 ITO/TiO_2 为工作电极、Pt 薄片为辅助电极、Ag/AgCl 为参考电极,采用光催化/电化学耦合法进行皮革染料废水降解实验研究,结果显示该复合体系降解皮革染料废水的脱色率和 TOC 去除率均能达到 100％。

王晓囡等(2011)以钛涂层电极(DSA)为阳极、石墨为阴极、TiO_2 为光催化剂,分别采用电化学催化、半导体光催化以及光催化/电化学耦合进行降解十二烷基二甲基苄基氯化铵废水实验研究。研究结果显示,在初始反应阶段,降解反应过程主要是半导体光催化反应起主导作用,随着反应的继续,光电催化氧化反应变成了降解反应的主反应,表明光电协同作用效果逐渐增强。反应 3 h 之后,TOC 去除率和 COD 去除率分别为 81.7％和 80％,分别是单独半导体光催化和单独电化学催化效果之和的 1.43 倍和 1.61 倍,表明光催化/电化学耦合技术具有最高的降解效率。

二、光催化/超声耦合技术

超声降解废水的主要原理是依靠超声空化作用,即强超声辐射进入废水中产生气泡,在超声压力的作用下,水中原有的微小泡核急速膨胀和压缩,接着破裂和崩溃,并产生强电场,从而引起很多热学、化学、生物等特殊效应,这种现象也被称为空化效应(Sobhani-Nasab et al.,2019；Wang et al.,2019a,b；Xu et al.,2019a)。而这种特殊效应可以使水分解为 H·和·OH,同时生成超强氧化剂 H_2O_2,从而将有机污染物氧化分解。光催化/超声耦合技术可利用超声的空化效应产生的活性自由基直接或间接作用于水体中的有机污染物,同时,声空化气泡可以淬灭光生电子,加速传质和活化催化剂表面,可以起到协同效应,提高光催化降解有机污染物的效率(Khalegh et al.,2019；Wu et al.,2019b；Cheng et al.,2018)。Sekiguchi 等(2011)进行了 UV/TiO_2 体系和 US/UV/TiO_2 协同催化体系降解水中苯甲醛的实验。研究结果发现,US/UV/TiO_2 协同催化体系催化降解苯甲醛速率比单独超声催化体系和 UV/TiO_2 催化体系提高了 3～4 倍。

三、光催化/臭氧耦合技术

臭氧在标准状态下的氧化还原电位为 2.07 V,是极强的氧化剂,在水中分解后可产生 $^1O_2$、·OH 等活性自由基,能有效地脱色、除臭、杀菌和去除有机物(Sgroi et al.,2021;Suzuki,1976)。光催化/臭氧耦合技术不但提高了对有机化合物的去除效率,而且光催化剂自身也不会因为中间产物的生成而失活,也可显著地提高臭氧的利用率(Sgroi et al.,2021;Ershadi et al.,2018;Li et al.,2018;Huang,2010)。Sánchez 等(1998)对比了 O_3、TiO_2、TiO_2/UV 和 $TiO_2/UV/O_3$ 四个催化体系降解苯胺的效果,并考察了初始 pH 值、初始苯胺浓度、催化剂剂量以及臭氧用量对苯胺降解效果的影响。实验结果表明,与 O_3、TiO_2、TiO_2/UV 催化体系相比,$TiO_2/UV/O_3$ 体系具有最高的苯胺催化活性,表明 TiO_2/UV 和 O_3 催化具有协同作用;并推测协同催化的机理可能为臭氧捕获了光催化过程中产生的光生电子,生成了 ·OH 等活性自由基,同时还可促进半导体的光生电子与空穴分离。同时,实验还发现苯胺废水的 pH 值对降解效果影响不大,且即使苯胺浓度高于 1 400(TOC,mg/L)时,$TiO_2/UV/O_3$ 体系催化降解苯胺的矿化率仍可高达 99%,表明光催化/臭氧耦合技术的应用范围广泛,且能有效地处理高浓度有机废水,具有广阔的发展前景。

四、等离子体/光催化耦合技术

金属纳米粒子,尤其是 Pt、Au、Ag 等纳米粒子,由于其特殊的光学性质和潜在的应用前景而备受人们关注(Ma et al.,2020;Wang et al.,2020a;Kim et al.,2013)。当金属纳米粒子被一定波长范围的光激发时,其内部的自由电子会产生振荡,称之为等离子体振荡。当光的频率与金属的振荡频率相等时,金属对光的吸收能力会极大增强,这一过程被称之为表面等离子共振吸收。一般金属纳米粒子在可见光区有强烈的吸收。金属纳米粒子的表面等离子共振效应使等离子体/半导体复合材料在整个可见光区都有很强的吸收,而且还可以大大提高半导体对太阳光的利用效率(Ye et al.,2021;Abou et al.,2018;Wang et al.,2015;Simon et al.,2011)。Yu 等(2009)通过在 TiO_2 纳米管上沉积 AgCl 纳米颗粒,通过光照还原使得 AgCl 的部分表面被还原成 Ag 单质,制备了等离子体/半导体复合材料 $Ag/AgCl/TiO_2$。$Ag/AgCl/TiO_2$ 复合材料在可见光区域有明显的等离子体共振吸收峰,能够彻底降解甲基橙,并且重复使用多次后,甲基橙的降解仍然趋于完全,这主要归因于纳米 Ag 离子的等离子共振效应。在光激发下,纳米 Ag 离子可将光生电子传递至 TiO_2 的导带,同时 Cl 离子可作为电子供体补偿电子给纳米 Ag 离子。

五、光催化/芬顿耦合技术

上述几种耦合技术虽然各有优势,但也存在一些问题,如需消耗额外的能源(电、超声),并且大部分的等离子共振材料为贵重金属,价格昂贵,会造成污染物去除成本高,不利于广泛实际运用。而半导体光催化和光助芬顿均不需额外能源,可直接利用太阳光,且常用的芬顿试剂均为自然环境中常见的铁氧化物,价格低廉。根据上述光助芬顿机理可知,Fe^{3+} 的还原过程是控制光助芬顿催化速率的主导因素,而在半导体体系中,引入电子受体可促进光生电子与空穴分离。

目前,已有研究报道在半导体材料中掺杂 Fe^{3+} 或者铁氧化物可以有效地促进半导体光生电子与空穴的分离(Hu et al. ,2019b;Zhang et al. ,2014a,b)。例如,Ge 等(2012)认为在半导体 $BiVO_4$ 光催化体系中添加 Fe^{3+} 可以作为电子受体接收 $BiVO_4$ 所产生的光生电子,从而能抑制 $BiVO_4$ 的光生电子和空穴复合,提高光催化降解罗丹明 B 的效率。Yang 等(2015)报道了一种三元纳米复合物 $Fe_3O_4/rGO/TiO_2$,制备的方式为采用静电逐层自组装,先以 Fe_3O_4 为核芯、氧化石墨烯为壳层构筑核壳型磁性材料 Fe_3O_4/rGO,再将 TiO_2 负载在氧化石墨烯表面。研究结果表明,$Fe_3O_4/rGO/TiO_2$ 在中性、可见光辐射($\lambda > 400$ nm)条件下表现出良好的催化性能,反应 100 min 后,$Fe_3O_4/rGO/TiO_2$ 能催化降解大约 95% 的亚甲基蓝,而纯 Fe_3O_4 体系亚甲基蓝的去除率仅为 45%。同时,$Fe_3O_4/rGO/TiO_2$ 还具有很好的稳定性,重复使用多次仍能高效地去除亚甲基蓝。他们认为,在可见光辐射下 TiO_2 受到激发产生光生空穴和光生电子,而氧化石墨烯具有优良的电子传递能力,能快速地将光生电子转移至核壳 Fe_3O_4 中的 Fe^{3+},从而能够快速有效地分离 TiO_2 所产生的光生电子与空穴,积累的空穴可与体系中的水反应生成 •OH,进而可以降解亚甲基蓝。理论上,随着 Fe^{3+} 还原成 Fe^{2+},当体系存在 H_2O_2 时能快速发生芬顿反应,促进体系 •OH 的生成。因此,选择合适的半导体与异相光助芬顿试剂组成半导体光催化/芬顿复合材料理论上能解决以下几个问题:

(1)光催化/芬顿耦合技术能促进半导体材料的光生电子与空穴分离。

(2)光催化/芬顿耦合技术能提高芬顿试剂在可见光区域的催化活性。

(3)光催化/芬顿耦合技术能促进异相光助芬顿试剂表面 Fe^{3+} 的还原。

第五节 纳米矿物材料在污染控制领域的应用

纳米矿物材料具有巨大的比表面积和丰富的孔隙结构,而且自然界中储量丰富、价格低廉,在污染控制领域有广阔的发展空间。目前,黏土矿物和纳米铁矿物广泛应用于光催化和芬顿催化体系降解污染物。

一、黏土矿物在光催化降解污染物领域的应用

黏土矿物是构成页岩、沉积岩和土壤的主要矿物,呈细分散状态(颗粒粒度一般小于 1 μm),为含水的层状硅酸盐或层链状硅酸盐矿物以及含水的非晶质硅酸盐矿物的总称(Lazaratou et al.,2020;Otunola et al.,2020;Li et al.,2019a;Bergaya et al.,2006)。大部分黏土矿物比表面积大、吸附性强,同时还具有离子交换性、膨胀性、分散性、凝聚性和可塑性等优点,因而黏土矿物在当前备受人们关注,并得到了广泛开发和应用。

在光催化领域,黏土矿物常用作半导体催化剂以及芬顿试剂的载体(Wu et al.,2019a;Xu et al.,2019b;Mishra et al.,2018;Sun et al.,2018;Praneeth et al.,2017;Nugraha et al.,2013;Herney-Ramirez et al.,

2010)。对于半导体催化剂来说,使用黏土矿物作为载体可以提高半导体材料的分散性,防止其团聚,并可以增加半导体的有效比表面积和活性位点,同时还能有效地防止催化反应过程中催化剂流失和提高半导体材料的利用率。对于芬顿试剂而言,使用黏土矿物作为载体在反应结束后能够使芬顿试剂有效地与反应介质分离,增加活性位点。国内外众多学者对黏土矿物作为半导体催化剂和异相光助芬顿试剂的载体开展过深入研究,应用较多的黏土矿物有蒙脱石(Mt)、水滑石、高岭石、海泡石、坡缕石等(Xu et al.,2019b;Tiya-Djowe et al.,2018;Almeida et al.,2016;Miranda et al.,2015;Huang et al.,2013;Gao et al.,2013;Ayodele et al.,2012a,b;Zhang et al.,2008)。其中,蒙脱石是一种自然界广泛存在的纳米硅酸盐矿物,为二维纳米片层结构,其具有比表面积大、吸附能力强、价格低廉等优点,是一种理想的半导体催化剂/芬顿试剂的载体。

蒙脱石的晶体化学式为$(M_y^+ \cdot nH_2O)(Al_{2-y}^{3+}Mg_y^{2+})Si_4^{4+}O_{10}(OH)_2$。由2层硅氧四面体和1层夹于中间的铝氧八面体构成,其结构单元层如图1-7所示。硅氧四面体中的Si可以被Al、Fe和Ti占据替代,铝氧八面体中的Al可被Mg、Fe、Zn、Ni、Li和Cr等替代(Yu et al.,2020;Pagacz et al.,2009)。蒙脱石的层间域含有吸附性金属阳离子(Na^+、Ca^{2+}、Li^+)和层间水,由于层间吸附性阳离子的结合力不强,且没有固定的晶格位置,从而容易被其他金属离子或者羟基金属离子置换而形成改性Mt复合材料。

目前以羟基铁柱撑蒙脱石(Fe/Mt)作为异相光助芬顿催化剂的研究已有较多报道(Zhao et al.,2020;Huang et al.,2019a,b;Li et al.,2015;Barreca et al.,2014;Wei et al.,2012;Li et al.,2011)。Feng等(2004)最先开始将蒙脱石作为羟基铁芬顿试剂载体,采用阳离子交换法成功将羟基Fe离子交换进入蒙脱石层间,得到了Fe/Mt复合材料,并将该材料用作异相芬顿催化剂,研究其催化降解橙黄Ⅱ的性能。研究结果发现,当橙黄Ⅱ溶液的pH值为3、浓度为0.2 mmol,催化剂剂量为1 g/L,H_2O_2浓度为10 mmol时,在紫外光辐射下Fe/Mt在30 min内将能橙黄Ⅱ完全脱色,120 min内可达到完全矿化。

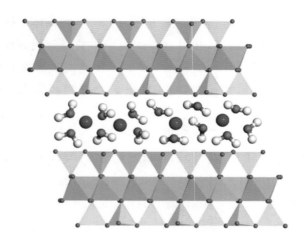

图 1-7　蒙脱石的结构单元层

在半导体领域中,蒙脱石作为半导体催化剂载体的制备方式主要有
两种,一种与制备异相光助芬顿催化剂 Fe/Mt 类似,首先采用阳离子交
换法将金属阳离子交换进入蒙脱石层间,然后经过热处理,使羟基金属阳
离子在蒙脱石层间交替形成分子级别的半导体支柱,得到半导体/Mt 复
合材料。由于层状空间的限域效应,在层状空间内原地生成的纳米粒子
通常具有粒径均匀、无团聚、分散性好等特征。同时,由于层状材料的阻
隔和屏蔽效应,负载于片层间的纳米粒子的热稳定性显著增强,从而使催
化剂能在更为苛刻的环境下发挥其独特性能(Djouadi et al.,2018;
Tahir,2018)。例如,Chen 等(2012b)采用有机(氧化丙烯)插层的方法先
将蒙脱石(Mt,d_{001}值为 1.2 nm)层间撑开至 5.0 nm,然后通过阳离子交
换法将 Ti 聚合阳离子交换进入蒙脱石层间,再通过煅烧(500～900 ℃)
得到 TiO_2/Mt 复合材料,制备过程如图 1-8 所示。

研究结果表明,TiO_2/Mt 复合材料具有很大的比表面积(100～279
m^2/g),而纯 Mt 的比表面积仅为 10 m^2/g。同时,研究者以亚甲基蓝为目
标污染物,探讨了不同煅烧温度下所制备的复合材料光催化降解亚甲基
蓝的性能。结果显示,当煅烧温度为 400 ℃时,TiO_2/Mt 复合材料具有
最优的光催化性能,反应 90 min 后,亚甲基蓝的去除率可达到 100%。

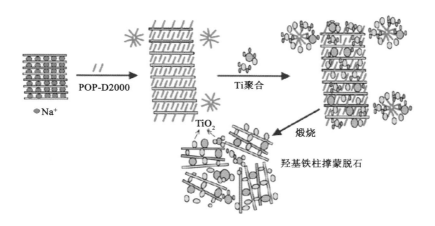

图 1-8 TiO_2/Mt 复合材料的制备流程

另一种制备方式是先制备好半导体催化剂前驱体,然后与蒙脱石悬浮液机械搅拌一段时间,再经过热处理得到半导体/Mt 复合材料。例如,Qu 等(2013)先将 $BiVO_4$ 前驱体与蒙脱石磁力搅拌 30 min,于 80 ℃烘干,并分别在 300 ℃、400 ℃、500 ℃温度下煅烧 4 h 后制得 $BiVO_4/Mt$ 复合材料,并研究了其在模拟太阳光下催化降解活性蓝 19 的性能。表征结果显示,$BiVO_4$ 颗粒均匀地分布于蒙脱石表面,$BiVO_4$ 的颗粒尺寸小于 30 nm,表明蒙脱石的存在能减小 $BiVO_4$ 的颗粒尺寸,并且使其分布均匀而不团聚。光催化降解活性蓝 19 的实验发现,300 ℃的温度下煅烧出的 $BiVO_4/Mt$ 复合材料具有最高的催化活性,反应 120 min 后活性蓝 19 的去除率能达到 98%,并且在重复使用 5 次后,催化活性并没有明显下降,表明蒙脱石的引入不仅能提高 $BiVO_4$ 的分散性,还可以增强其催化活性以及稳定性。

目前,也有研究报道认为蒙脱石不仅仅可以作为催化剂载体,其自身也可以参与光催化反应。Ma 等(2013)通过先在蒙脱石层间引入 $Ag(NH_3)_2^{2+}$,后引入 PO_4^{3-},从而在蒙脱石层间形成了 Ag_3PO_4,最终得到了 Ag_3PO_4/Mt 复合材料,制备过程如图 1-9 所示。他们发现相对于纯 Ag_3PO_4,Ag_3PO_4/Mt 复合材料具有超强的稳定性,重复 9 次后其催化降解橙黄Ⅱ的效果仍可高达 90%,而纯 Ag_3PO_4 的催化降解效果由最初的

99%下降至不到 30%。他们认为 Ag_3PO_4/Mt 复合材料具有超强稳定性的原因是蒙脱石层间域中的阳离子可以捕获 Ag_3PO_4 所产生的光生电子,促进光生电子与空穴分离,抑制单质银形成,从而提高 Ag_3PO_4 的稳定性。

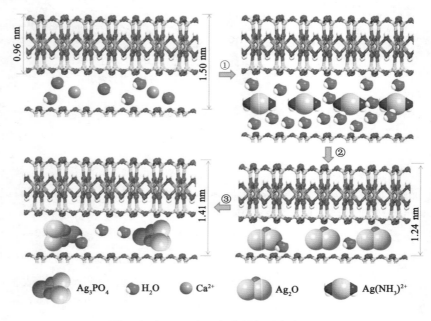

图 1-9 Ag_3PO_4/Mt 复合材料的制备流程

Sun 等(2014)先制备了剥层的钠基蒙脱石,然后将剥层好的钠基蒙脱石、Na_2WO_4 添加进入 $Bi(NO_3)_3$ 和油酸钠混合溶液中,水热反应 17 h 后制得了 Bi_2WO_6/Mt 复合材料。他们提出的蒙脱石参与的反应路径与 Ma 等(2013)提出的不同,他们认为由于片层呈负电性,因而片层间 Bi_2WO_6 所产生的光生空穴可快速迁移至蒙脱石表面,一方面可促进光生空穴与电荷的分离,另一方面能够提高 O_2 的生成量。另外,Peng 等(2016)发现 $LaFeO_3/Mt$ 复合材料中蒙脱石表面的羟基可以捕获 $LaFeO_3$ 半导体受光激发时产生的光生空穴而生成•OH,在促进光生电子与空穴分离的同时还能提高体系•OH 的含量,从而能高效地催化降解罗丹明 B,反应 75 min 后罗丹明 B 的脱色率趋于 100%。

二、水铁矿在光催化降解污染物领域的应用

铁在生活中分布较广,占地壳含量的 4.75%,位居地壳元素含量第四位,仅次于氧、硅、铝(Ilgen et al.,2019;郑国东,2009)。在自然界中,铁氧化物[包括铁的氢氧化物(羟基氧化铁)和铁的氧化物]广泛存在,其种类众多,晶型结构和稳定性各异,多种铁氧化物之间可以相互转化。目前,已知的在自然环境中存在的有 12 种,如磁铁矿、针铁矿、赤铁矿、水铁矿(Fh)等。其中,Fh 是土壤、沉积物中含量最多的一种羟基氧化铁,呈球形,粒径一般为 2～6 nm,结晶弱,在一定条件下很容易转化成更稳定的针铁矿或赤铁矿(Thomas-Arrigo et al.,2018;Zhou et al.,2018;王小明 等,2011)。通常 Fe^{3+} 在水解过程中最先出现的沉淀物就是 Fh。

目前,Fh 的具体化学组成及结构模型还没有统一的定论,这可能与其晶体尺寸的大小有一定的关系。目前,已提出的水铁矿化学组成有 $Fe_5HO_8 \cdot 4H_2O$、$Fe_6(O_4H_3)_3$ 和 $5Fe_2O_3 \cdot 9H_2O$,其中被普遍接受的水铁矿化学组成为 $Fe_5HO_8 \cdot 4H_2O$,其结构式如图 1-10 所示。

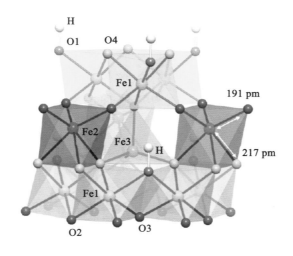

图 1-10 水铁矿结构式

根据 X 射线衍射显示的衍射线条数可以将水铁矿分为 2 线水铁矿(2LFh)、3 线水铁矿(3LFh)、4 线水铁矿(4LFh)、5 线水铁矿(5LFh)和 6 线水铁矿(6LFh)。X 射线衍射峰越多,水铁矿的结晶度和结构有序度越好,其中 2LFh 是环境中水铁矿的主要存在形式,其结晶尺寸较小,一般为 2~3 nm。

水铁矿拥有巨大的比表面积和大量的表面羟基活性位点,是一种性能优良的吸附材料,可以通过吸附或共沉淀的方式高效去除水体中的重金属和有机污染物(Fu et al. ,2018;Mendez et al. ,2020)。同时,由于活跃的氧化还原性以及电子输运能力,水铁矿还可用作异相芬顿试剂,能有效地催化降解水体中的有机污染物和氧化 As^{3+}(Zhu et al. ,2018;Zhang et al. ,2014c;Ona-Nguema et al. ,2010)。

目前,水铁矿作为异相芬顿催化剂的研究已有些许报道,并且研究发现在众多铁氧化物(针铁矿、赤铁矿、纤铁矿、磁铁矿以及磁赤铁矿)中,水铁矿在中性环境下催化效果最好。例如,Huang 等(2001)报道了不同铁氧化物分解 H_2O_2 的能力,研究结果表明水铁矿分解 H_2O_2 的能力是针铁矿和赤铁矿的 2 倍,同时他们还发现水铁矿高的催化活性是由于其比表面积较高,可达到 190 m^2/g,而针铁矿和赤铁矿比表面积分别为 40 m^2/g 和 9 m^2/g。Barreiro 等(2007)报道了 Fh 异相光助芬顿催化降解阿特拉津,研究结果发现 pH 值为 3 时阿特拉津的降解速率是 pH 值为 8 时的 10 倍,而 pH 值为 8 时 Fh 对 H_2O_2 的分解速率是 pH 值为 3 时的 3 倍,且 H_2O_2 的分解速率随其浓度和 Fh 剂量的增加而加快,表明 Fh 在中性环境下仍具有很好的芬顿催化活性。同时,研究发现 Fh 光助芬顿催化降解阿特拉津主要有两种不同的途径:在低 pH 值下主要为溶解产生的 Fe^{3+} 与 H_2O_2 反应产生活性自由基,而在高 pH 值下主要为 Fh 表面的 Fe^{3+} 与 H_2O_2 反应产生活性自由基。

综上所述,通过对蒙脱石和水铁矿结构或表面进行改性有望得到性能优良的光催化复合材料。

第六节 半导体/芬顿耦合体系需详细探讨的问题

前面所述的半导体/芬顿耦合体系理论上能促进半导体材料的光生电子与空穴分离、提高芬顿试剂在可见光区域的催化活性以及促进异相光助芬顿试剂表面 Fe^{3+} 的还原,然而,半导体和芬顿试剂之间协同催化的可能性与相应的制约机制以及复合材料与有机污染物相互作用中的微观过程和机理等问题需要详细探讨。这些问题具体表现为:

(1)在已有的研究中,尽管表明在很多半导体光催化体系中添加 Fe^{3+} 可以促进体系催化降解有机物的效果,提出的原因是 Fe^{3+} 可以作为半导体光生电子的受体(Wang et al.,2011a;Sasaki et al.,2008;王建强等,2003),可以促进光催化体系光生电子与空穴的分离,但是没有给出明确的证据。同时,在该体系中添加 H_2O_2 后能否相应地提高芬顿性能目前尚未有报道。因此,要真正理解和掌握 Mt 基和 Fh 基复合材料在半导体/芬顿耦合体系对有机污染物的降解性能,需要详细探讨光催化过程中电子的传递过程以及传递机制。

(2)半导体催化性能主要受控于半导体催化剂受光辐射后所产生的光生电子与光生空穴。半导体类型主要有 P 型和 N 型,其中 P 型半导体中空穴浓度要远远大于自由电子的浓度,而 N 型半导体中自由电子浓度要远远大于空穴浓度(Kisch,2013;Marschall,2014)。关于半导体/芬顿耦合催化体系中半导体的类型对有机物降解性能的影响目前还未见报道,半导体/芬顿耦合催化的制约机制尚不明确,需要从载流子的角度并结合半导体催化机理和光助芬顿反应机制深入展开研究。

(3)半导体/芬顿耦合催化体系中活性自由基的种类、生成方式以及生成速率是反映复合材料降解有机污染物活性强弱的重要指标之一。目前,针对单独半导体活性自由基的评估多是采用添加自由基抑制的方式筛选出主要活性自由基,而单独芬顿的催化效果主要是通过考察 Mt 基或 Fh 基芬顿试剂对有机污染物的降解效果来评价,两个催化体系对活性自由基的生成及其对降解过程的作用均为间接推断,尚未对相关降解体系的主要活性自由基的生成过程进行定量分析。因此,半导体/芬顿耦合催化体系的自由基形成机制及其对有机污染物降解过程的制约作用是目前需要深入探讨的一个关键问题。

第七节　本研究的主要内容和研究思路

基于上述背景,本研究旨在运用天然纳米矿物材料研制新型半导体/芬顿复合材料,提高天然纳米矿物材料在环境污染物治理领域的应用价值。本研究中以蒙脱石和水铁矿为研究对象,构建了新型黏土矿物基和新型水铁矿基光催化/芬顿复合材料。通过各种表征手段探究复合材料的结构、形貌、光吸收性质以及半导体/芬顿催化性能。揭示复合材料的微观结构与半导体/芬顿催化性能之间的关系,并提出半导体/芬顿催化机理以及污染物降解机理。本书研究将为新型半导体/芬顿复合材料的构建提供有用的科学参考,为天然纳米矿物材料的应用开发提供理论依据和实验基础。本书的研究思路如图 1-11 所示。

本书主要的研究内容如下:

(1)采用阳离子交换法,制备了不同铁含量的羟基铁铝柱撑蒙脱石(Fe-Al/Mt),并将其进一步用作载体依次负载磷酸根离子和银离子制备了 $Ag_3PO_4/Al-Fe/Mt$ 复合材料。研究复合材料中 Al-Fe/Mt 对 Ag_3PO_4 光催化性能及稳定性的影响;探讨 Fe 的含量对复合材料中单质 Ag 生成的影响;研讨 $Ag_3PO_4/Al-Fe/Mt$ 复合材料的光催化/芬顿催化性能。

(2)采用阳离子交换法,制备了 Fe/Mt,并将其进一步用作载体负载 N 型半导体 $BiVO_4$,制备了 $BiVO_4/Fe/Mt$ 复合材料。研究复合材料中 $BiVO_4$ 含量对 Fe/Mt 的芬顿催化性能和稳定性的影响,探讨 $BiVO_4$ 的存在对体系 •OH 生成的影响。

(3)探索新型可见光催化剂 $BiVO_4/Fh$ 复合材料的制备方法及其光助芬顿催化性能,探讨半导体与芬顿试剂复合催化机理。研究光助芬顿

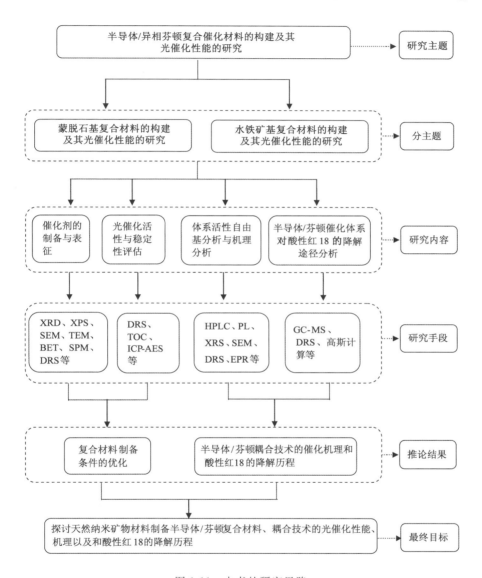

图 1-11 本书的研究思路

催化过程中 H_2O_2 分解、Fe^{2+} 形成以及活性自由基生成量,详细探讨了其在中性环境下的催化性能以及相关的催化机制。

（4）采用不同浓度的富勒醇（PHF）改性 Fh,制备了一系列 PHF/Fh

复合材料。通过一系列的表征手段对材料的结构进行表征,并通过光催化降解酸性红18来探讨复合材料的光助芬顿催化活性及相关动力学机制。此外,对材料的稳定性和光催化体系中活性自由基也进行了研究,进一步详细探讨了 PHF 提高光助芬顿催化活性的机制。

通过上述研究,不仅可以阐明半导体/芬顿复合材料催化降解有机污染物与纳米矿物的表-界面作用过程与机理,同时为环境友好型、可见光响应以及可应用于中性环境下的新型异相光助芬顿催化剂的研发提供了重要的理论基础和实践指导,并可为研究天然纳米矿物材料对有机污染物在地球环境中迁移及归趋的影响提供新思路。

第二章　磷酸银/柱撑蒙脱石复合材料的构建及其光催化性能研究

第一节　引　　言

Ag$_3$PO$_4$ 价带位置高、毒性低、光催化活性好,是一种性能优良、环境友好的半导体光催化剂,可用于光解水产氧以及光催化降解有机污染物(Huang et al.,2020;Liang et al.,2018;Chen et al.,2015;Martin et al.,2015;周丽 等,2015;Marschall,2014)。日本国立物质材料研究所的叶金花课题组于 2011 年在 *Nature Materials* 期刊上首次报道了这种新型、高效的三元化合物半导体光催化材料(Yi et al.,2010),研究发现 Ag$_3$PO$_4$ 在可见光下的量子产率高达 90%,远高于大多数光催化材料(如 TiO$_2$ 和 ZnO 的量子产率约为 20%),并在可见光(可到 530 nm)照射下表现出非常强的氧化能力和光催化分解有机污染物的能力。

但另一方面,由于 Ag$_3$PO$_4$ 具有光敏性,在光催化的过程中 Ag$_3$PO$_4$ 的 Ag$^+$ 能接收自己所产生的光生电子生成单质银(Ag$^+$ + e$^-$ $\longrightarrow$ Ag^0),从而导致 Ag$_3$PO$_4$ 的稳定性变差,不利于重复使用。因此,抑制 Ag$_3$PO$_4$ 的光腐蚀即可提高其光催化活性以及使用周期。抑制光腐蚀的方法主要有两种:一种为与半导体复合形成异质结;另一种是添加电子牺牲剂阳离子或阴离子,形成掺杂 Ag$_3$PO$_4$,主要的原理是通过离子掺杂可引起结构缺陷,而结构缺陷可以捕获光生电子,同时金属离子掺杂可以使光催化剂的光吸附边界向可见光方向移动,从而使带隙减小、催化效果增强(Cai et al.，2018；Shao et al.，2018；Liu et al.，2013c；Yan et al.，2014；Yao et al.，2012）。例如，Yu 等（2014）通过在 Ag_3PO_4 表面负载 Fe^{3+} 合成了 Fe（Ⅲ）/Ag_3PO_4 复合光催化材料，材料中的 Fe^{3+} 可作为吸附氧的还原活性位，从而抑制光生电子与空穴对的复合。

此外，增加光催化材料的比表面积和提高分散性也能增强光催化效率。黏土矿物具有比表面积大、价格低廉等优点，是一种理想的催化剂载体，负载上的物质通常具有粒径均匀、分散性好以及无团聚等优点。目前已报道可作为 Ag_3PO_4 载体的黏土矿物包括蒙脱石、凹凸棒石、海泡石和水滑石等（Han et al.，2020a；Chen et al.，2019；Li et al.，2016；Liu et al.，2015；Ma et al.，2013；Cui et al.，2012）。其中，蒙脱石层间的可交换阳离子可以被聚合羟基阳离子置换形成羟基金属柱撑蒙脱石（以 Fe/Mt、Al/Mt、Fe-Al/Mt 居多）。相比于蒙脱石原土，羟基金属柱撑蒙脱石的比表面积更大、吸附能力更强，同时羟基金属柱撑蒙脱石还是一种优良的吸附剂（Chauhan et al.，2020；Baloyi et al.，2018；Yan et al.，2010）。

综上所述，含铁的羟基金属柱撑蒙脱石也许可以有效负载 Ag_3PO_4，同时材料中的 Fe^{3+} 可作为 Ag_3PO_4 的电子受体，理论上可以抑制 Ag_3PO_4 的光腐蚀。此外，含铁的羟基金属柱撑蒙脱石是一种高效的异相芬顿催化剂，其表面的 Fe^{3+} 接收 Ag_3PO_4 的光生电子后可还原成 Fe^{2+}，当有 H_2O_2 共存时，也许能相应地提高芬顿反应的催化活性。

本章的研究工作中，将 Al/Mt 和 Fe-Al/Mt 用作载体，依次负载磷酸根离子、银离子来制备 Ag_3PO_4/羟基金属柱撑蒙脱石复合光催化材料。通过一系列的表征技术对材料的结构、形貌进行表征，并通过光催化降解酸性红 18 来探讨复合材料的光催化活性和光助芬顿催化活性，也详细探讨了相关催化机制。

第二节　实验部分

一、实验试剂与材料

高纯钠基蒙脱石购于江西安吉,阳离子交换量为 1.05 meq/g,化学组成为 $Na_{0.19}Ca_{0.14}(Al_{1.47}Fe_{0.04}Mg_{0.49})Si_4O_{10}(OH)_2 \cdot nH_2O$(王钺博,2016)。纯度 85% 的酸性红 18 购自国药化学试剂有限公司。超氧化钾(KO_2)和 4-氯-7-硝基-2,1,3-苯并氧杂噁二唑($C_6H_2ClN_3O_3$,NBD-Cl)购自阿拉丁试剂有限公司。硝酸银($AgNO_3$)、磷酸二氢钠(NaH_2PO_4)、九水合硝酸铝[$Al(NO_3)_3 \cdot 9H_2O$]、九水合硝酸铁[$Fe(NO_3)_3 \cdot 9H_2O$]、异丙醇(C_3H_8O,i-PrOH)、叠氮钠(NaN_3)、苯醌($C_6H_4O_2$,BQ)、草酸铵[$(NH_4)_2C_2O_4$,AO]以及碳酸钠(Na_2CO_3)均为分析纯,氨水($NH_3 \cdot H_2O$,25 wt%)、过氧化氢(H_2O_2,33 wt%),均购于广州化学试剂厂。所有化学试剂和材料未经任何前处理,直接使用。

二、样品制备

羟基铝柱撑液的制备过程:将 0.2 mol/L $Al(NO_3)_3$ 溶液磁力搅拌升温至 60 ℃,然后将 0.2 mol/L Na_2CO_3 溶液缓慢加到混合液中,控制 OH^-/Al^{3+} 的摩尔比为 2.4,继续在 60 ℃ 下搅拌,老化 24 h 后得到羟基铝柱撑液。

羟基铁铝柱撑液的制备过程:将 0.2 mol/L $AlCl_3$ 溶液加到 0.2 mol/L $Fe(NO_3)_3$ 溶液中,使 $Fe^{3+}/(Al^{3+}+Fe^{3+})$ 摩尔比分别为 0.1、0.2、0.4 和 0.7。磁力搅拌升温至 60 ℃,然后将 0.2 mol/L Na_2CO_3 溶液缓慢加到混合液中,控制 $OH^-/(Al^{3+}+Fe^{3+})$ 的摩尔比为 1.2,继续在 60 ℃ 下搅拌,老化 24 h 后得到羟基铁铝柱撑液。

将柱撑液逐滴加入已搅拌 24 h 以上质量浓度为 2% 的蒙脱石悬浮液中,体系中阳离子($Al^{3+}+Fe^{3+}$)与 Mt 的比值为 10 mmol/g。混合液继续在 60 ℃下搅拌 24 h,然后用去离子水离心洗涤数次后烘干备用,所得的材料分别命名为 Al/Mt 和 Fe-Al/Mt。

取一定量的 Al/Mt 和 Fe-Al/Mt 分别分散于 500 mL 的超纯水中,然后缓慢加入 500 mL 浓度为 0.045 mol/L 的 NaH_2PO_4 溶液。搅拌 24 h 后(所得材料为 P/Al/Mt 和 P/Fe-Al/Mt),缓慢加入 500 mL 浓度为 0.135 mol/L 的 $AgNO_3$ 溶液,随后用氨水将悬浮液 pH 值调节至 7 左右。继续搅拌 4 h,离心洗涤数次后烘干备用。根据所含铁量,所得的材料分别命名为 Ag_3PO_4/Al/Mt、Ag_3PO_4/Fe-Al/Mt(0.1)、Ag_3PO_4/Fe-Al/Mt(0.2)、Ag_3PO_4/Fe-Al/Mt(0.4)和 Ag_3PO_4/Fe-Al/Mt(0.7)。

纯 Ag_3PO_4 的合成过程:将 500 mL 浓度为 0.135 mol/L 的 $AgNO_3$ 溶液缓慢滴加入 500 mL 浓度为 0.045 mol/L 的 NaH_2PO_4 溶液,随后用氨水将悬浮液 pH 值调节至 7 左右。继续搅拌 4 h,离心洗涤数次后烘干备用。

三、样品表征

催化剂的 X 射线衍射分析(XRD)采用 Bruker D8 Advance 衍射仪完成。测试条件:Cu 靶,电压 40 kV,电流 40 mA,扫描速度 2°/min,扫描范围 1°~80°。催化剂的 X 射线光电子能谱分析(XPS)在 Thermo Fisher Scientific K-Alpha 光谱仪上完成。采用污染碳 C1s 标准结合能 284.8 eV 来校正各元素的化学位移。催化剂的形貌和表面元素组成分析由 Carl Zeiss SUPRA55SAPPHIR 扫描电镜(SEM)和 Oxford Inca250 X-Max20 能谱仪(EDS)完成。

催化剂的元素组成由 PerkinElmer Optima 2000DV 等离子体电感耦合光谱仪(ICP-OES)确定。催化剂的紫外-可见漫反射分析利用日本岛津的紫外-可见分光光度计(UV-2550)进行测量,扫描范围为 200~800 nm,扫描速度为 3 200 nm/min,用 $BaSO_4$ 粉末压白板。

四、实验设计与分析方法

酸性红 18 降解实验在上海比朗仪器制造有限公司生产的 BL-GHX-V

光化学反应仪中进行。400 W 的金卤灯用作可见光光源,使用滤波片滤掉 420 nm 以下的紫外光（420~780 nm,21.5~23.0 mW/cm²）。

光催化降解酸性红 18 实验过程:称取 0.05 g 催化剂置于 50 mL 的石英管中,随后加入 50 mL 浓度为 6.5×10^{-5} mol/L 的酸性红 18 溶液;将试管放入光化学反应仪,开启冷凝水、磁力搅拌、风扇,最后开启金卤灯。在规定的时间取样,在 0.45 μm 滤膜后于 509 nm 波长处使用紫外-可见分光光度计测量其吸光度值。

异相光助芬顿催化降解酸性红 18 实验过程与上述光催化降解酸性红 18 实验过程相似,只是在开灯前需加入一定量的 H_2O_2。

Ag_3PO_4/Fe-Al/Mt、Ag_3PO_4/Al/Mt 和纯 Ag_3PO_4 光催化稳定性测试过程:在上述光催化反应完后,离心分析出固体催化剂用于下一轮催化反应,并测试上清液在 509 nm 波长处的吸光度值。

为了确定反应过程中产生的自由基情况,通过添加自由基抑制剂的方式来筛选光催化降解酸性红 18 过程中的主要活性自由基,将异丙醇、叠氮钠、苯醌和草酸铵分别用作 ·OH、$^1O_2$、$O_2^{\cdot-}$ 和空穴抑制剂(Xu et al.,2019c,2020;Katsumata et al.,2013;Saion et al.,2013;Lion et al.,1980)。

为了量化分析体系中的 $O_2^{\cdot-}$,将 200 μm 的 NBD-Cl 用作 $O_2^{\cdot-}$ 的荧光探针。NBD-Cl 与 $O_2^{\cdot-}$ 的反应产物采用日本日立 F-4500 型荧光光谱仪测量,测试条件:激发波长 470 nm,主发射 550 nm(Heller et al.,2010)。

第三节　结果与讨论

一、样品表征分析

XRD 图谱(图 2-1)显示蒙脱石的底面间距值为 1.25 nm,而引入羟基铝离子和羟基铁铝离子后,底面间距分别增加至 1.73 nm 和 1.63 nm,

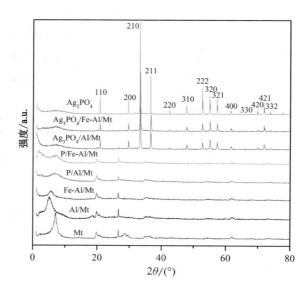

图 2-1　各样品的 XRD 图谱

表明羟基铝离子和羟基铁铝离子成功插入了蒙脱石层间。另外,纯 Ag_3PO_4 图谱中所有衍射峰的位置与标准数据 JPCDS06-0505 中 Ag_3PO_4 的衍射峰匹配,且图中没有多余的峰出现,表明合成的 Ag_3PO_4 纯度很高,没有杂质且具有良好的结晶度。Ag_3PO_4 的晶胞结构如图 2-2 所示。

　　将 Ag_3PO_4 负载于羟基金属柱撑蒙脱石后,尽管复合材料中蒙脱石的特征峰(001)消失了,但是在其图谱中仍可观察到其他的特征衍射峰,如 19.8°和 28.6°。另外,复合材料中 Ag_3PO_4 的衍射峰与纯 Ag_3PO_4 的衍射峰均能匹配,表明 Ag_3PO_4 成功负载于羟基金属柱撑蒙脱石表面。

　　图 2-3 显示了各样品的 SEM 表征结果。从图中可以看出,蒙脱石呈片状,并且羟基金属离子插入蒙脱石层间后仍为片状形貌,表明羟基金属离子不会改变蒙脱石的形貌。另外,纯 Ag_3PO_4 的 SEM 图显示其表面光滑、颗粒尺寸不均,最大能达到 5 μm,且相貌为立方体、四面体和球状的混合形貌。

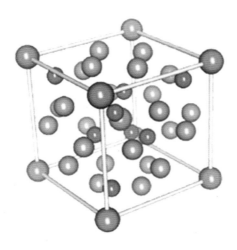

图 2-2 Ag_3PO_4 晶胞示意图

(P—橘色，O—红色，Ag—蓝色；立方晶型，空间点群为 P-43n(218)，晶格参数 $a=b=c=6.013$ Å)

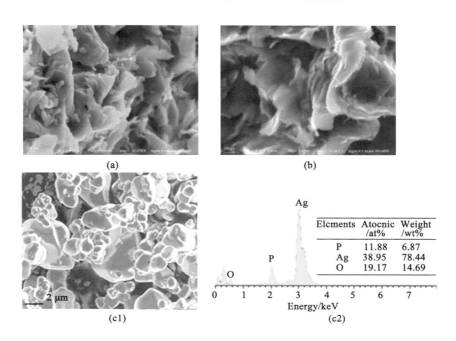

图 2-3 各样品的 SEM 图和 EDS 图

(a) Al/Mt；(b) Fe-Al/Mt；(c) Ag_3PO_4；(d) Ag_3PO_4/Al/Mt；(e) Ag_3PO_4/Fe-Al/Mt

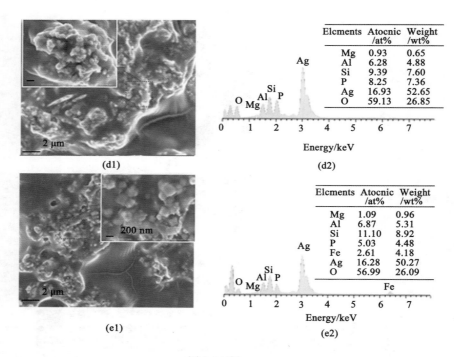

图 2-3(续)

　　随着羟基金属柱撑蒙脱石的引入,复合材料中 Ag_3PO_4 的颗粒尺寸
($<200\ nm$)远远小于纯 Ag_3PO_4,表明羟基金属柱撑蒙脱石对 Ag_3PO_4 的
尺寸有裁剪的效果。这可能是因为磷酸根离子呈负电性,而羟基金属柱
撑蒙脱石表面呈正电性,因此磷酸根离子可通过静电引力先吸附于羟基
金属柱撑蒙脱石的表面,随后添加的 Ag^+ 可与已经吸附于羟基金属柱撑
蒙脱石表面的磷酸根反应,原位生成 Ag_3PO_4。这一过程在一定程度上
会限制 Ag_3PO_4 颗粒的聚合结晶过程并抑制 Ag_3PO_4 颗粒的生长(Wang
et al.,2014a)。

　　另外,根据 EDS 的结果(图 2-3),Ag_3PO_4/Al/Mt 复合物的主要元素
组成为 Al、Si、P、Ag 和 O,而 Ag_3PO_4/Fe-Al/Mt 复合物的主要元素组成
为 Al、Fe、Si、P、Ag 和 O,这一结果可进一步说明 Ag_3PO_4 成功负载于
Al/Mt和 Fe-Al/Mt。同时,由 EDS 面扫结果(图 2-4)可知,P、Ag 和 O 在

Ag_3PO_4 中分布均匀，Al、Si、P、Ag 和 O 在 $Ag_3PO_4/Al/Mt$ 复合材料中分布均匀，Al、Fe、Si、P、Ag 和 O 在 $Ag_3PO_4/Fe-Al/Mt$ 复合材料中分布均匀。

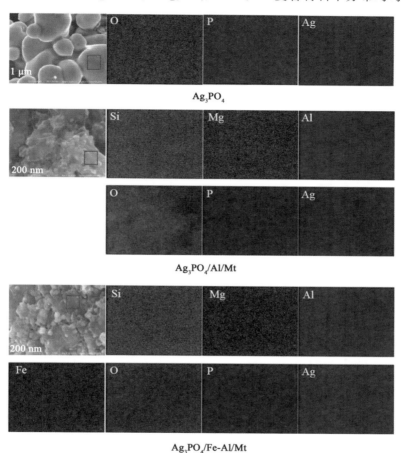

图 2-4　各样品的 EDS 面扫图

ICP 用于对各样品中 Ag_3PO_4 进行定量分析，结果见表 2-1。由结果可知，$Ag_3PO_4/Al/Mt$ 复合物中 Ag_3PO_4 的含量（43.2 wt%）高于 $Ag_3PO_4/Fe-Al/Mt$ 复合物中 Ag_3PO_4 含量（40.7 wt%）。比表面积结果显示，蒙脱石原土的比表面积只有 16.5 m^2/g，当羟基铝离子和羟基铁铝离子插入其层间后，比表面积分别增至 117.1 m^2/g 和 114.9 m^2/g，这一趋势与早期研究结果一致(Xu et al.,2014)。

表 2-1　各样品的结构特征

样品	Ag/wt%	P/wt%	比表面积/(m^2/g)
Mt	—	—	16.5
Ag_3PO_4	—	—	1.2
Al/Mt	—	—	117.1
Fe-Al/Mt	—	—	114.9
Ag_3PO_4/Al/Mt	33.4	4.2	20.4
Ag_3PO_4/Fe-Al/Mt	31.5	3.4	35.3

　　当继续引入 Ag_3PO_4 之后,复合材料的比表面积呈下降的趋势(Ag_3PO_4/Al/Mt 和 Ag_3PO_4/Fe-Al/Mt分别为 20.4 m^2/g 和 35.3 m^2/g),这主要归因于纯 Ag_3PO_4 的比表面积太小,仅为 1.2 m^2/g。当将 Ag_3PO_4 负载于羟基金属柱撑蒙脱石后,Ag_3PO_4 会占据羟基金属柱撑蒙脱石的表面位置,从而导致复合材料的比表面积降低。

　　紫外-可见漫反射光谱图(图 2-5)显示纯 Ag_3PO_4 的吸收边约为 530 nm,

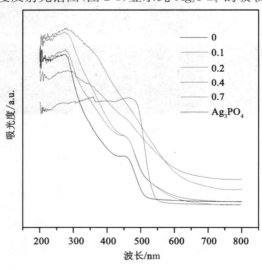

图 2-5　各样品的紫外-可见漫反射图谱

当将 Ag_3PO_4 负载到羟基金属柱撑蒙脱石之后,复合材料的吸收边受铁含量的影响。$Ag_3PO_4/Al/Mt$、$Ag_3PO_4/Fe-Al/Mt(0.1)$ 和 $Ag_3PO_4/Fe-Al/Mt$ (0.2)的吸收边出现了不同程度的蓝移,如 $Ag_3PO_4/Al/Mt$ 吸收边为 500 nm、$Ag_3PO_4/Fe-Al/Mt(0.2)$的吸收边为 510 nm,但仍属于可见光范围。而当铁含量继续增加至 0.4% 以上时,相对纯 Ag_3PO_4,复合材料的吸收边出现了红移,如 $Ag_3PO_4/Fe-Al/Mt(0.4)$ 的吸收边红移至了 600 nm。

二、复合材料光催化活性评估

为了评估复合材料中铁含量对光催化活性的影响,我们对不同铁含量的 $Ag_3PO_4/Fe-Al/Mt$ 进行了光催化降解酸性红 18 的实验,实验结果如图 2-6 所示。

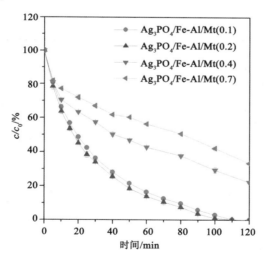

图 2-6 不同含铁量的 $Ag_3PO_4/Fe-Al/Mt$ 光催化降解酸性红 18 的效果

从结果明显可知,复合材料的光催化活性先随铁含量的增加而升高,当铁含量高于 0.2% 后,复合材料的光催化活性开始呈下降趋势。反应 100 min 后,$Ag_3PO_4/Fe-Al/Mt(0.2)$复合材料几乎完全能去除酸性红 18,而 $Ag_3PO_4/Fe-Al/Mt(0.4)$ 催化体系中酸性红 18 的去除率仅为

75%,表明光催化性能最优的复合材料为 $Ag_3PO_4/Fe-Al/Mt(0.2)$。为了标记方便,将 $Ag_3PO_4/Fe-Al/Mt(0.2)$ 简化表示为 $Ag_3PO_4/Fe-Al/Mt$,前面表征分析和后面实验所述的 $Ag_3PO_4/Fe-Al/Mt$ 即为 $Ag_3PO_4/Fe-Al/Mt(0.2)$。

$Ag_3PO_4/Fe-Al/Mt$ 复合材料中铁含量高时催化活性反而下降的原因可能来源于两个方面:一是过高含量的铁阻碍了 Ag_3PO_4 对光的吸收,如图 2-4 所示,随着铁含量的增加,复合材料在可见光区域的吸光能力明显增强,导致在光能定量的条件下 Ag_3PO_4 所能利用的光能下降;另一原因可能是随着铁含量的增加,复合材料中 Ag_3PO_4 的含量比会下降,从而导致实际可使用的活性催化剂剂量下降。

为了进一步评估各催化材料在可见光下的光催化性能,我们进行了多组不同实验条件下各催化材料降解酸性红 18 的实验,结果如图 2-7 所示。

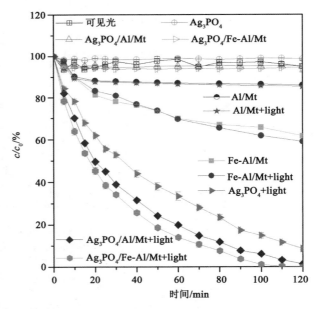

图 2-7 不同实验条件下酸性红 18 的降解效果

从图中可以看出,单独可见光辐射条件下酸性红 18 的去除效果不明显，反应 120 min 后其脱色率仅为 5％。在暗反应实验条件下，Ag_3PO_4、$Ag_3PO_4/Al/Mt$ 以及 $Ag_3PO_4/Fe-Al/Mt$ 对酸性红 18 的去除效果均不明显，表明这三种材料对酸性红 18 的吸附能力均一般。而当引入光后，Ag_3PO_4、$Ag_3PO_4/Al/Mt$ 以及 $Ag_3PO_4/Fe-Al/Mt$ 催化降解酸性红 18 的效果均有明显提升，其中 $Ag_3PO_4/Fe-Al/Mt$ 的催化活性最高，其次为 $Ag_3PO_4/Al/Mt$，二者的催化活性均优于纯 Ag_3PO_4。对于 $Ag_3PO_4/Fe-Al/Mt$ 体系而言，反应 100 min 时酸性红 18 已趋于完全降解，而 $Ag_3PO_4/Al/Mt$ 体系需 120 min 才能完全降解酸性红 18，但是纯 Ag_3PO_4 体系在反应 120 min 后酸性红 18 去除率仅约为 90％，表明羟基金属柱撑蒙脱石的引入可大大增强 Ag_3PO_4 的光催化活性。

根据之前 ICP 的结果（表 2-1），$Ag_3PO_4/Fe-Al/Mt$ 中 Ag_3PO_4 的含量（40.7 wt％）低于 $Ag_3PO_4/Al/Mt$（43.2 wt％），而其光催化降解酸性红 18 的效果却优于 $Ag_3PO_4/Al/Mt$，表明 Fe 元素的存在有助于催化降解酸性红 18。

三、催化剂稳定性评估

催化剂的循环使用周期是评估催化剂稳定性的一个重要指标。为了评估各光催化剂的稳定性，将催化剂循环使用于光催化降解酸性红 18 的实验。从图 2-8 中可以看出，纯 Ag_3PO_4 重复使用 7 次后，其光催化降解酸性红 18 效果由开始的 90％ 降低至 58％，而 $Ag_3PO_4/Al/Mt$ 和 $Ag_3PO_4/Fe-Al/Mt$ 的催化效果仍高于 98％，表明羟基金属柱撑蒙脱石的引入可以强化 Ag_3PO_4 的稳定性。

如本章引言所述，由于 Ag_3PO_4 具有光敏性，在没有电子捕获剂存在的情况下，光催化过程中 Ag_3PO_4 容易吸收自身所产生的光生电子而生成单质银，从而导致稳定性降低、催化效果变差（Zhu et al.，2020；Cheng et al.，2019）。而在本研究中 $Ag_3PO_4/Fe-Al/Mt$ 循环使用 7 次后，催化效果仍未见明显下降，其稳定性好的原因是否是因为反应后的 $Ag_3PO_4/Fe-Al/Mt$ 复合材料中未有单质银的产生？为了验证是否如此，我们对循环使用 3 次后的各光催化剂进行了一系列表征。

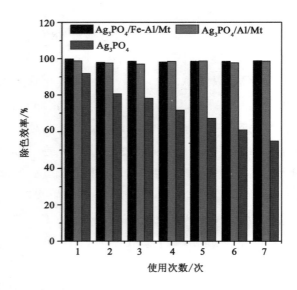

图 2-8　各光催化剂循环使用降解酸性红 18 的效果

首先对循环使用 3 次后的纯 Ag_3PO_4、$Ag_3PO_4/Al/Mt$ 和 $Ag_3PO_4/$ Fe-Al/Mt 进行了 XRD 表征分析(图 2-9)。

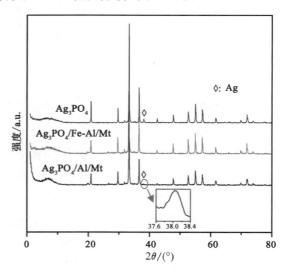

图 2-9　各样品循环使用 3 次后的 XRD 图

从反应后纯 Ag_3PO_4 的 XRD 图谱中可明显观察到单质银的衍射峰，表明纯 Ag_3PO_4 在循环使用后生成了单质银。另外，从反应后 Ag_3PO_4/Al/Mt 的 XRD 图谱中可观察到微弱的单质银衍射峰，然而在反应后 Ag_3PO_4/Fe-Al/Mt 的 XRD 图谱中未观察到单质银的衍射峰，表明 Ag_3PO_4/Fe-Al/Mt 反应后确实未有单质银的生成。XRD 的结果显示，Fe-Al/Mt 的 存 在 能 抑 制 Ag_3PO_4/F-Al/Mt 的 光 腐 蚀，从 而 增 强 Ag_3PO_4/Fe-Al/Mt 的稳定性。

另外，采用 SEM-EDS 对反应后各光催化剂的形貌以及表面元素组成进行了分析。从 SEM 图（图 2-10）中可以看出，纯 Ag_3PO_4 循环使用 3 次后，其颗粒表面由原来的光滑变成了粗糙，可能是因为表面生成了大量的单质银；而 Ag_3PO_4/Al/Mt 和 Ag_3PO_4/Fe-Al/Mt 复合材料循环使用 3 次后形貌均无明显变化。另外 EDS 结果显示，循环使用 3 次后的纯 Ag_3PO_4 和 Ag_3PO_4/Al/Mt 复合材料中的 Ag 和 P 的原子比分别为 5.9 和 4.1，二者均远远大于 Ag_3PO_4 中的理论比值 3，可推测在这两种光催化剂循环使用 3 次后均生成了单质银。而 Ag_3PO_4/Fe-Al/Mt 复合物循环使用 3 次后，Ag 和 P 的原子比仍约为 3，表明 Ag_3PO_4/Fe-Al/Mt 反应 3 次后并未有明显的单质银生成。SEM-EDS 结果进一步证实了在 Ag_3PO_4、Ag_3PO_4/Al/Mt 和 Ag_3PO_4/Fe-Al/Mt 三种光催化剂中，Ag_3PO_4/Fe-Al/Mt 的稳定性最强，与前面 XRD 所述的结果一致。

为了探明 Ag_3PO_4/Fe-Al/Mt 稳定性好的原因，我们对循环使用 3 次后的 Ag_3PO_4/Fe-Al/Mt 复合材料进行了 XRS 分析（图 2-11）。在循环使用 3 次后的 Ag_3PO_4/Fe-Al/Mt 复合材料 XPS 图谱中可观察到两个 Fe 离子信号峰—711.9 eV 和 709.5 eV，可分别归属于 Fe^{3+} 和 Fe^{2+} 的信号峰（Ekanayaka et al.，2021；Zhuk et al.，2021；Yamashita et al.，2008），表明循环使用 3 次后 Ag_3PO_4/Fe-Al/Mt 复合材料中形成了 Fe^{2+}。Fe^{2+} 的存在表明 Ag_3PO_4/Fe-Al/Mt 复合材料表面的 Fe^{3+} 可以接收 Ag_3PO_4 受光激发时产生的光生电子，不仅促进了光生电子与空穴分离，还抑制了单质银的形成，从而强化了 Ag_3PO_4 的稳定性。

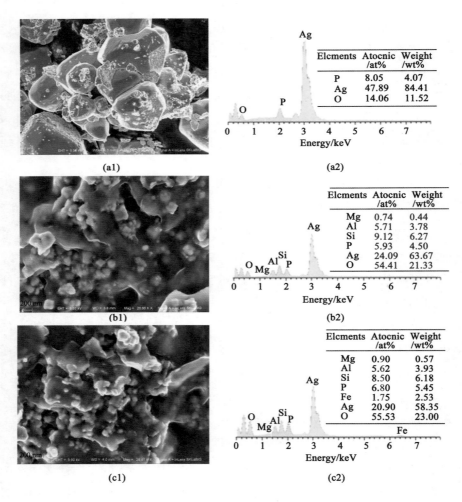

图 2-10　各样品循环使用 3 次后的 SEM 和 EDS 图

（a）Ag_3PO_4；（b）$Ag_3PO_4/Al/Mt$；（c）$Ag_3PO_4/Fe-Al/Mt$

四、体系自由基分析

考虑到活性自由基在光催化剂催化降解有机污染物的过程中扮演着重要角色，因此，我们对各反应体系活性自由基的生成情况进行了分析。首先，为了考察 Ag_3PO_4、$Ag_3PO_4/Al/Mt$ 和 $Ag_3PO_4/Fe-Al/Mt$ 催化降

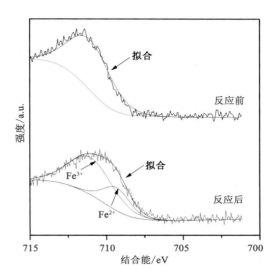

图 2-11　Ag_3PO_4/Fe-Al/Mt 反应前后的 XPS 图

解酸性红 18 过程中活性自由基的种类,分别采用异丙醇、叠氮钠、苯醌和草酸铵作为 • OH、$^1O_2$、$O_2^{\cdot-}$ 和空穴的抑制剂,探讨活性自由基抑制剂的存在对各光催化剂催化降解酸性红 18 的影响。从图 2-12 中可以看出,各抑制剂对 Ag_3PO_4、Ag_3PO_4/Al/Mt 和 Ag_3PO_4/Fe-Al/Mt 三个体系抑制酸性红 18 的降解效果趋势一致。例如,添加异丙醇后,各催化体系酸性红 18 的降解效果并未明显抑制,表明 • OH 在这些体系中均不是主要的活性自由基。当分别添加 $^1O_2$ 抑制剂叠氮钠和空穴抑制剂草酸铵后,酸性红 18 的降解效果明显被抑制了,抑制率均高于 40%。而当添加 $O_2^{\cdot-}$ 抑制剂苯醌后,各催化剂光催化降解酸性红 18 的效果急剧下降,反应 120 min 后,各体系的酸性红 18 几乎没有被降解。活性自由基抑制实验结果表明,在以 Ag_3PO_4、Ag_3PO_4/Al/Mt 和 Ag_3PO_4/Fe-Al/Mt 为催化剂的催化降解酸性红 18 体系中,$O_2^{\cdot-}$ 是主导自由基,其次为 $^1O_2$ 和空穴,再者是 • OH。

　　Ag_3PO_4 为 P 型半导体,P 型半导体中空穴浓度大于自由电子浓度,因此通常认为在 Ag_3PO_4 催化降解有机污染体系中,空穴应为主导活性自由基。在已报道的研究中,发现在 $O_2^{\cdot-}$ 和空穴均为 Ag_3PO_4 催化降解

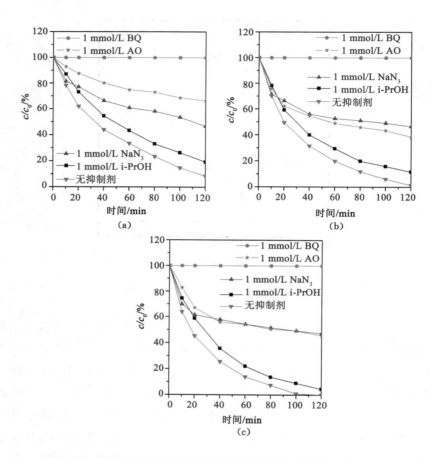

图 2-12　不同活性自由基抑制剂对催化剂降解酸性红 18 的影响

(a) Ag₃PO₄；(b) Ag₃PO₄/Al/Mt；(c) Ag₃PO₄/Fe-Al/Mt

有机污染体系中的主导活性自由基(Chen et al.,2015)。而本研究的结果显示 $O_2^{\cdot-}$ 在催化剂催化降解酸性红 18 体系中的贡献率大于空穴,这主要与所使用过的抑制剂有关。已报道的研究中多采用 EDTA-2Na 作为空穴抑制剂(Chen et al.,2015),考虑到 EDTA-2Na 与 Fe 离子容易形成稳定络合物,因此在本研究中我们选择了一种相对温和、捕获空穴能力稍弱的空穴抑制剂——草酸铵。尽管如此,本研究的结果仍可证明在催化剂催化降解酸性红 18 体系中空穴为主要的活性自由基。

　　为了进一步确定 $O_2^{\cdot-}$ 对光催化降解有机污染物的影响，采用荧光光谱法对各光催化剂催化体系中的 $O_2^{\cdot-}$ 浓度进行了定量测量。NBD-Cl 与 $O_2^{\cdot-}$ 的反应产物在波长 470 nm 激发下会在 550 nm 产生荧光辐射峰，该荧光辐射峰的强度与体系 $O_2^{\cdot-}$ 的浓度成正比。同时，体系中 NBD-Cl 浓度的降低也能反映 $O_2^{\cdot-}$ 的生成情况。从图 2-13（a）中可以看出，$Ag_3PO_4/Al/Mt$ 和 $Ag_3PO_4/Fe-Al/Mt$ 体系中 NBD-Cl 的浓度明显随反应时间的延长而降低，并且降低的程度要明显高于纯 Ag_3PO_4 体系。

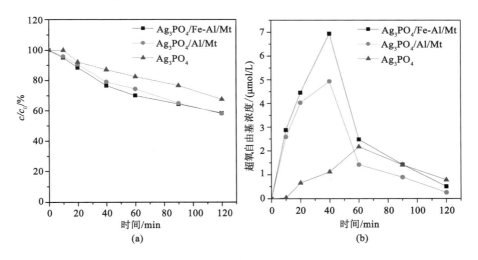

图 2-13　各样品降解 NBD-Cl 过程（a）和各催化体系超氧自由基的浓度变化过程（b）

　　图 2-13（b）显示的 $Ag_3PO_4/Fe-Al/Mt$ 催化体系中 $O_2^{\cdot-}$ 的最高浓度（6.8 μmol/L）是 $Ag_3PO_4/Al/Mt$ 催化体系（4.8 μmol/L）的 1.4 倍，是纯 Ag_3PO_4 催化体系（1.9 μmol/L）的 3.6 倍。另外，各催化体系中生成的 $O_2^{\cdot-}$ 含量先随反应时间的延长而增加（$Ag_3PO_4/Fe-Al/Mt$ 和 $Ag_3PO_4/Al/Mt$ 催化体系是前 40 min，纯 Ag_3PO_4 体系是前 60 min），后随反正时间的延长而下降。根据 Ikhlaq 等（2013）的研究报道，$O_2^{\cdot-}$ 浓度随反应时间先增加后下降可能是因为体系中 $O_2^{\cdot-}$ 与 NBD-Cl 的反应产物会与体系中其他的活性自由基（如 $^1O_2$、·OH、空穴等）继续反应而导致的。各复合材料光催化体系中的 $O_2^{\cdot-}$ 含量顺序与各催化剂光催化降解酸性红

18 的顺序一致,表明 $O_2^{\cdot-}$ 含量越高越有利于酸性红 18 的光催化降解。

五、机理分析

基于以上实验结果推测 $Ag_3PO_4/Fe\text{-}Al/Mt$ 拥有高光催化活性和良好稳定性可能的原因主要有两个:第一个可能的原因是 $Ag_3PO_4/Fe\text{-}Al/Mt$ 中的 Ag_3PO_4 具有高的分散性和最小的颗粒尺寸。表 2-1 结果显示,$Ag_3PO_4/Fe\text{-}Al/Mt$ 的比表面积为 35.3 m^2/g,大于 $Ag_3PO_4/Al/Mt$ 的比表面积(20.4 m^2/g)和 Ag_3PO_4 的比表面积(1.2 m^2/g)。另外,上面所述的 SEM 结果(图 2-3)也可以说明 $Ag_3PO_4/Fe\text{-}Al/Mt$ 和 $Ag_3PO_4/Al/Mt$ 复合材料中的 Ag_3PO_4 颗粒尺寸要远远小于纯 Ag_3PO_4。另一个原因可归因于 $Fe\text{-}Al/Mt$ 载体中的 Fe^{3+}。Ag_3PO_4 受光辐射时,在价带和导带上分别形成光生空穴和光生电子。当体系中无电子受体时,Ag_3PO_4 中的 Ag^+ 容易接收自身所产生的光生电子而变成单质银。而当 Ag_3PO_4 负载于 $Fe\text{-}Al/Mt$ 上时,由于 Fe^{3+}/Fe^{2+} 的氧化还原电位(0.77 V)要高于 Ag_3PO_4/Ag^0(0.45 V)(Li et al.,2012a;Wang et al.,2011b),意味着载体中的 Fe^{3+} 可以优先接收光生电子,从而抑制了单质银的形成。前面所述的光催化反应后材料的 XRD(图 2-9)、SEM-EDS(图 2-10)和 XPS(图 2-11)表征结果也证实了材料中的 Fe^{3+} 确实可以抑制单质银的产生。

根据以上实验结果和一些文献报道(Zhu et al.,2020;Bi et al.,2012),可推断出 $Ag_3PO_4/Fe\text{-}Al/Mt$ 的光催化降解酸性红 18 机理(图 2-14)。

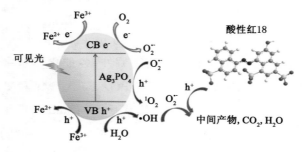

图 2-14 $Ag_3PO_4/Fe\text{-}Al/Mt$ 光催化机理图

首先 Ag_3PO_4 受光辐射,其价带上的电子被激发,并越过禁带到达导带,从而在价带和导带上分别形成光生空穴和光生电子。而 Fe-Al/Mt 载体中的 Fe^{3+} 可接收 Ag_3PO_4 所产生的光生电子变成 Fe^{2+},可以促进光生电子与空穴分离。其次,光生电子与体系中的溶解氧反应产生 $O_2^{\cdot-}$,而空穴可与水反应产生 $\cdot OH$,同时空穴也可与 $O_2^{\cdot-}$ 进一步反应生成 $^1O_2$。最终各种自由基一起进攻酸性红 18,可使其分解为小分子中间产物、CO_2、H_2O 等。

六、复合材料异相光助芬顿催化性能探讨

根据上述研究可知,Ag_3PO_4 确实可以将自身电子转移至 Fe-Al/Mt 表面的 Fe^{3+},那么当 H_2O_2 存在时,Ag_3PO_4 是否能相应地促进异相芬顿催化效果呢? 为了验证是否如此,我们研究了不同 H_2O_2 浓度条件下复合材料催化降解酸性红 18 的实验,结果如图 2-15 所示。

从图中可以看出,当添加 H_2O_2 之后,各催化剂催化降解酸性红 18 的效果均呈下降趋势。理论上 H_2O_2 是一种很好的电子受体,可以接收半导体受光辐射后产生的光生电子,并生成 $\cdot OH$。例如,Ge 等(2012)在 $BiVO_4$ 光催化体系中添加 H_2O_2 后,能显著增强罗丹明 B 的去除效果;Körösi 等(2016)的研究也发现在 TiO_2 体系中添加 H_2O_2 后,不仅能加快亚甲基蓝的去除速率,还能高效地使克雷伯氏肺炎菌失活。从图 2-14 中确实可以看出,纯 H_2O_2 对酸性红 18 的降解有明显的促进作用,并且随 H_2O_2 含量的增加促进效果越明显。同时,前面的研究也表明单纯的复合材料体系对酸性红 18 也有很好的降解效果。然而,当各光催化剂与 H_2O_2 共存时发现共存体系对酸性红 18 的降解存在抑制现象,这可能是因为 Ag_3PO_4 是 P 型半导体。众所周知,P 型半导体的空穴浓度远大于自由电子浓度,因此在 Ag_3PO_4 催化体系中,空穴氧化也是有机污染物降解的重要原因之一,这也与上述自由基的抑制实验结果一致。

然而,H_2O_2 不仅可以作为电子受体,同时还可以捕获空穴,并与空穴反应生成 H_2O 和 O_2 [见式(2-1)]。因此,当 H_2O_2 和 Ag_3PO_4 共存时,H_2O_2 会捕获 Ag_3PO_4 生成的空穴,从而造成 Ag_3PO_4 的催化效果下降,同时 H_2O_2 也会被空穴所消耗,导致芬顿催化效率降低。另外,从图中还

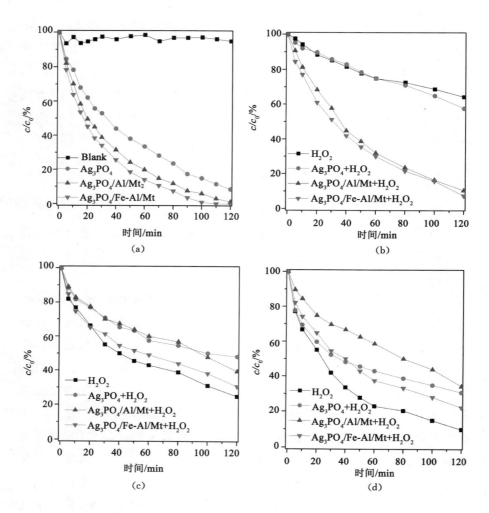

图 2-15 H_2O_2 浓度对各样品降解酸性红 18 的影响

(a) 0 mmol/L;(b) 1 mmol/L;(c) 5 mmol/L;(d) 10 mmol/L

可以看出随着 H_2O_2 浓度的增加,$Ag_3PO_4/Fe-Al/Mt$ 体系中酸性红 18 的降解抑制情况略低于 $Ag_3PO_4/Al/Mt$ 体系,可能的原因是 $Ag_3PO_4/Fe-Al/Mt$ 体系中生成的 Fe^{2+} 还可以与 H_2O_2 发生芬顿反应,而芬顿反应产生的 $\cdot OH$ 对酸性红 18 的降解也会产生一定的贡献。

$$2H_2O_2 + h^+ \longrightarrow 2H_2O + O_2 \qquad (2-1)$$

Deng 等(2015)的研究发现,在 P 型半导体 Cu_2O 体系中加入 H_2O_2 也会造成降解亚甲基蓝的效果下降,他们认为 Cu_2O 会将 H_2O_2 分解成为 H_2O 和 O_2 [见式(2-2)],同时 H_2O_2 也会影响 Cu_2O 的结构稳定性[见式(2-3)]。因此,在本研究异相光助芬顿催化体系中效果反而降低的另一个原因可能就是 H_2O_2 的存在影响了的稳定性[见式(2-4)]。

$$2H_2O_2 \xrightarrow{Cu_2O} 2H_2O + O_2 \qquad (2\text{-}2)$$

$$Cu_2O + H_2O_2 \longrightarrow 2CuO + H_2O \qquad (2\text{-}3)$$

$$Ag_3PO_4 \xrightarrow{H_2O_2} 3Ag^+ + PO_4^{3-} \qquad (2\text{-}4)$$

结合本研究的实验结果,P 型半导体可能不适合用于芬顿催化体系,那么与之性质不一样的 N 型半导体是否适合呢?这是我们下一章需要探讨的问题。

第四节　结　　论

本章中利用蒙脱石为原料,通过阳离子交换法先制备了羟基金属离子(羟基铝和羟基铁铝)柱撑蒙脱石,并将其用作载体,通过依次添加磷酸根离子和银离子后得到了 $Ag_3PO_4/Al/Mt$ 和 Ag_3PO_4/Fe-Al/Mt 复合材料;详细探讨了羟基金属柱撑蒙脱石对半导体材料光催化降解酸性红 18 的性能影响和相关的催化机理以及复合材料的异相光助催化活性。这部分工作得到的主要结论如下:

(1) 与纯 Ag_3PO_4 相比,Ag_3PO_4/Fe-Al/Mt 和 $Ag_3PO_4/Al/Mt$ 具有更大的比表面积,且复合材料中的 Ag_3PO_4 颗粒尺寸更小、分散性更高,可为催化反应提供更多的活性位点。

(2) Ag_3PO_4/Fe-Al/Mt 复合材料中 $Fe/(Fe + Al)$ 的摩尔比为 0.2 时,具有最高的光催化活性,反应 120 min 后,对酸性红 18 的脱色率可达到 99%。同时,Ag_3PO_4/Fe-Al/Mt 具有最优的结构稳定性,重复使用 7 次后,Ag_3PO_4/Fe-Al/Mt 催化降解酸性红 18 的效果仍高达 98%。这主要归因于 Ag_3PO_4/Fe-Al/Mt 中的 Fe^{3+} 可作为 Ag_3PO_4 的电子受体来抑

制光生电子与空穴的复合,在提高 Ag_3PO_4 催化活性的同时也强化了其稳定性。

(3) 在以纯 Ag_3PO_4、$Ag_3PO_4/Fe-Al/Mt$ 和 $Ag_3PO_4/Al/Mt$ 为光催化剂的催化体系中,均是以 $O_2^{\cdot-}$ 为主导活性组分,其次是 $^1O_2$ 和 h^+,再者是 $\cdot OH$,且以 $Ag_3PO_4/Fe-Al/Mt$ 为催化剂的体系所产生的 $O_2^{\cdot-}$ 量最高。

(4) $Ag_3PO_4/Fe-Al/Mt$ 的光催化机理:首先 Ag_3PO_4 受光辐射,其价带上的电子被激发,并越过禁带到达导带,从而在价带和导带上分别形成光生空穴和光生电子;复合材料表面的 Fe^{3+} 可以作为电子受体接收光生电子,促进电子和空穴分离;同时,光生电子可以与体系中分子氧反应产生 $O_2^{\cdot-}$,$O_2^{\cdot-}$ 又可与空穴反应生成 $^1O_2$,而空穴本身可以与水反应生成 $\cdot OH$,各种自由基一起进攻酸性红 18,促使其分解为小分子中间产物、CO_2、H_2O 等。

(5) P 型半导体 Ag_3PO_4 与异相芬顿试剂 Fe-Al/Mt 不存在协同催化效应,主要归因于 H_2O_2 会捕获 Ag_3PO_4 生成的空穴,从而造成 Ag_3PO_4 的催化效果下降,同时 H_2O_2 也会被空穴消耗,导致芬顿催化效率降低。

第三章　BiVO₄/Fe/Mt 光催 化降解酸性红 18 研究

第一节　引　　言

前章所述的 P 型半导体 Ag₃PO₄ 不适宜与异相芬顿试剂组成半导体/芬顿催化体系,因此在本章中选取了 N 型半导体 BiVO₄ 与芬顿试剂形成复合材料,探讨二者能否组成协同催化体系。

BiVO₄ 是一种淡黄色的固体,具有无毒、环境友好等优良性能;同时由于其带隙较窄(2.4 eV)和适宜的价带位置,因而可作为可见光催化剂分解 H_2O 产氧和降解水体中有机污染物(Wang et al.,2018a,2020b;Huang et al.,2014b)。光催化剂纳米化有助于增加其比表面积,可间接提高光催化活性。然而纳米级 BiVO₄ 颗粒在水相中易团聚成大颗粒,制约其催化活性。同时,随着颗粒尺寸逐渐减小至纳米级,又使得 BiVO₄ 很难从反应体系中分离出来,不利于其回收利用。此外,纯的 BiVO₄ 光催化剂光生电子与空穴对生命周期短、易复合,催化效用时间短,不利于实际应用。

为了解决 BiVO₄ 分散问题,促进其在实际废水处理中的应用,可将其固定在合适的载体上,如蒙脱石、凹凸棒石等黏土矿物(Qu et al.,2013;Zhang et al.,2013)。而关于光生电子与空穴容易复合的问题,Ge 等(2012)认为在反应体系中添加 Fe^{3+} 作为电子受体,用于接收 BiVO₄ 所产生的光生电子,从而能抑制 BiVO₄ 的光生电子和空穴复合,提高光催化降解罗丹明 B 的效率。因此,我们预期 N 型半导体材料 $BiVO_4$ 的存在能加速 Fe/Mt 表面的 Fe^{3+} 向 Fe^{2+} 转换,从而可能提高 Fe/Mt 在可见光辐射下的芬顿催化降解有机污染物的性能。

在本研究中,我们首先合成了 Fe/Mt,并将其用作载体,依次负载 VO_4^{3-} 和 Bi^{3+} 后制备了 $BiVO_4$/Fe/Mt 复合材料;采用一系列的表征技术对材料的结构、性质与形貌进行表征,并通过可见光催化降解酸性红 18 的实验探讨复合材料的光助芬顿催化活性及相关动力学机制。此外,对复合材料的稳定性和异相光助芬顿体系中的活性自由基也进行了详细探讨。

第二节 实 验 部 分

一、实验试剂与材料

五水合硝酸铋[$Bi(NO_3)_3 \cdot 5H_2O$]、偏钒酸铵(NH_4VO_3)、二甲基亚砜(C_2H_6OS,DMSO)以及 2,4-二硝基苯肼($C_6H_6N_4O_4$,DNPH)均为分析纯,购于广州化学试剂厂;其他试剂详见第二章。所有试剂和材料未经任何前处理,直接使用。

二、样品制备与表征

羟基铁柱撑液的制备过程:将 0.2 mol/L 的 $Fe(NO_3)_3$ 溶液磁力搅拌升温至 60 ℃,然后将 0.2 mol/L 的 Na_2CO_3 溶液缓慢加到 $Fe(NO_3)_3$ 溶液中,控制 OH^-/Fe^{3+} 摩尔比为 1,继续在 60 ℃下搅拌,老化 24 h 后得到羟基铁柱撑液。再将羟基铁柱撑液逐滴加入已经搅拌 24 h 以上质量浓度为 2% 的蒙脱石悬浮液中,体系中阳离子与蒙脱石的浓度为 10 mmol/g。混合液继续在 60 ℃下磁力搅拌 24 h,然后用超纯水离心洗涤数次,最后烘干备用,所得的材料即为 Fe/Mt。

$BiVO_4$/Fe/Mt 的制备过程:取 8 g 的 Fe/Mt 分散于 400 mL 的超纯

水中,然后缓慢加入一定量 0.4×10^{-2} mol/L 的 NH_4VO_3 溶液,控制 V/Fe摩尔比分别为 0.01、0.02、0.04、0.08、0.1 和 0.15。磁力搅拌 24 h, 所得材料离心洗涤后即为 V/Fe/Mt。为了模拟吸附过程,V/Fe/Mt的制备是在室温下进行的。最后,将一定量的 $Bi(NO_3)_3$ 加入超纯水中,制备 0.4×10^{-2} mol/L 的 $Bi(NO_3)_3$ 溶液。为了避免 $Bi(NO_3)_3$ 水解产生沉淀,上述超纯水的温度应高于 90 ℃。取 8 g V/Fe/Mt 分散于 400 mL 水中,缓慢加入已经冷却至 60 ℃ 的 $Bi(NO_3)_3$ 溶液中。继续磁力搅拌 24 h后,将其离心洗涤数次后烘干备用。根据所含 $BiVO_4$ 的量,所得的材料分别命名为 1%$BiVO_4$/Fe/Mt、2%$BiVO_4$/Fe/Mt、4%$BiVO_4$/Fe/Mt、8% $BiVO_4$/Fe/Mt、10%$BiVO_4$/Fe/Mt 和 15%$BiVO_4$/Fe/Mt。

纯 $BiVO_4$ 的合成过程:将一定量 0.4×10^{-2} mol/L 的 NH_4VO_3 溶液缓慢加入等体积 0.4×10^{-2} mol/L 的 $Bi(NO_3)_3$ 溶液中,继续磁力搅拌 24 h 后,将其离心洗涤数次后烘干备用。

三、样品表征

催化剂的 X 射线衍射分析(XRD)采用 Bruker D8 Advance 衍射仪完成。测试条件:Cu 靶,电压 40 kV,电流 40 mA,扫描速度 2°/min,扫描范围 1°~80°。采用 Carl Zeiss SUPRA55SAPPHIR 扫描电镜(SEM)观察催化剂的表观形貌。催化剂的元素组成测定由 PerkinElmer Optima 2000DV 等离子体电感耦合光谱仪(ICP-OES)完成。催化剂的紫外-可见漫反射图谱利用日本岛津紫外-可见分光光度计(UV-2550)进行分析,扫描范围为 200~800 nm,扫描速度为 3 200 nm/min,用 $BaSO_4$ 粉末压白板。采用美国麦克公司的 ASAP2020M 型比表面积仪利用高纯氮气吸附-解吸特性测定催化剂的比表面积及孔容与孔径等性质。所有样品测试前于 60 ℃ 真空脱气 12 h,催化剂的比表面积和孔容分别通过多点 BET 方程和 H-K 法计算得到。

四、实验设计与分析方法

酸性红 18 降解实验在上海比朗仪器制造有限公司生产的 BL-GHX-V

光化学反应仪中进行。400 W 的金卤灯用作可见光光源,使用滤波片滤掉 420 nm 以下的紫外光(420～780 nm,21.5～23.0 mW/cm²)。

光催化降解酸性红 18 实验过程:称取 0.02 g 催化剂置于 50 mL 的石英管中,随后加入 50 mL 浓度为 1.3×10^{-4} mol/L 的酸性红 18 溶液(pH 值为 3);将试管置于光化学反应仪中,分别开启冷凝水、磁力搅拌、风扇后,加入浓度为 0.8×10^{-2} mol/L H_2O_2,最后开启金卤灯。酸性红 18 溶液的 pH 值采用 1 mol/L 的 HNO_3 和 1 mol/L 的 NaOH 进行调节。在规定的时间点取样,过 0.45 μm 滤膜后,使用紫外-可见分光光度计测量其在 509 nm 波长处的吸光度值。溶液中总 TOC 在日本岛津 TOC-V CPH 型 TOC 分析仪上测得,溶液中 Fe 离子浸出浓度由美国 PerkinElmer AAnalyst 400 型的原子吸收光度计测得。

8%$BiVO_4$/Fe/Mt 光助芬顿催化稳定性测试过程:在上述光催化反应完后离心析出固体催化剂用于下一轮催化反应,并测试上清液 509 nm 波长处的吸光度值、TOC 值和铁浸出浓度。

体系中的 • OH 采用高效液相色谱法(HPLC)进行测定(Zhong et al.,2014)。测定原理为:光催化反应过程生成的 • OH 可以被 DMSO 快速高效地捕获,并生成甲醛。甲醛与 DNPH 可发生衍生反应生成稳定的 2,4-二硝基苯肼-甲醛腙(HCHO-DNPHo),该衍生产物可通过液相色谱的紫外检测器检测,2,4-二硝基苯肼-甲醛腙的浓度与峰面积成正比。液相色谱(美国安捷伦 1200LC)检测条件:色谱柱为 Agilent Eclipse XDB-C18;UV-Vis 检测器,检测波长 355 nm;流动相为 60%甲醇-40%超纯水,流速为 0.8 mL/min,进样量为 20 μL。DNPH 和 2,4-二硝基苯肼-甲醛腙保留时间分别为(4.01±0.02) min 和(7.07±0.03) min。

第三节　结果与讨论

一、表征分析

XRD 图谱(图 3-1)显示蒙脱石的底面间距值为 1.25 nm,而引入羟基 Fe 离子后底面间距增至 1.38 nm,表明羟基 Fe 离子成功插入蒙脱石层间。当吸附 VO_4^{3-} 后,底面间距继续增加至 1.48 nm(8%V/Fe/Mt),进一步添加 Bi^{3+} 后,底面间距为 1.53 nm(8%BiVO₄/Fe/Mt),表明 V 离子和 Bi 离子成功插入了蒙脱石层间。另外,除了低 BiVO₄ 含量的 1% BiVO₄/Fe/Mt 和 2%BiVO₄/Fe/Mt,其他复合材料中均可观察到四方晶系 BiVO₄(晶体结构如图 3-2 所示)的特征衍射峰 24°、32°和 48°,表明成功制备了 BiVO₄/Fe/Mt 复合材料。

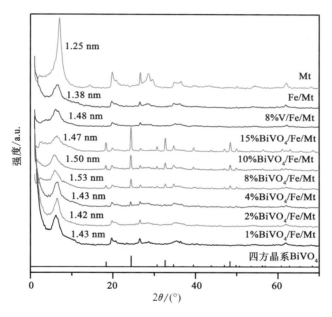

图 3-1　各样品的 XRD 图

催化剂中 Fe、Bi 和 V 的含量(质量比)采用 ICP-MS 测得,具体结果见表 3-1。结果显示,8%BiVO₄/Fe/Mt 中 Bi 和 V 的质量分数分别为 5.62%和 1.26%,将其换算成摩尔分数发现 8%BiVO₄/Fe/Mt 复合材料中 Bi/V 的摩尔比约为 1,与 BiVO₄ 的理论比一致。结合上述 XRD 图谱的物相分析结果,证实了 BiVO₄/Fe/Mt 复合材料中的 BiVO₄ 不仅成功负载于 Fe/Mt 表面,还成功插入了蒙脱石的层间。

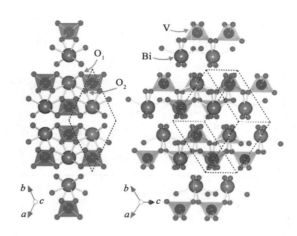

图 3-2　$BiVO_4$ 晶体结构

(Bi—蓝色;O—红色;V—绿色;晶格参数:$a=b=0.993\ 3$ nm,$c=0.291\ 2$ nm)

表 3-1　各样品的结构特征

样品	比表面积/(m²/g)	总孔容/(cm³/g)	Fe/wt%	Bi/wt%	V/wt%
Mt	16.5	0.035	—	—	—
Fe/Mt	125.5	0.108	26.0	—	—
V/Fe/Mt	144.2	0.145	21.2	—	1.33
8%BiVO₄/Fe/Mt	141.0	0.170	20.2	5.62	1.26

　　各催化剂的光吸收特性通过紫外-可见漫反射进行表征,结果如图 3-3 所示。

　　从图中可以看出,纯 $BiVO_4$ 能吸收波长小于 525 nm 的太阳光;蒙脱石原土的吸收边约 300 nm,表明蒙脱石不会影响催化剂在可见光区域的吸光性质。同时对比蒙脱石可知,Fe/Mt 的吸收边出现了明显的红移,可吸收高于 600 nm 波长的可见光。而当进一步负载 $BiVO_4$ 后,复合材料的吸收边出现了轻微的蓝移,但是其在波长小于 450 nm 范围内的吸光强度要明显高于 Fe/Mt。

　　另一方面,$BiVO_4$/Fe/Mt 的吸收边和紫外至可见光区域的吸光强度均先随 $BiVO_4$ 含量的增加而增加,当 $BiVO_4$ 含量高于 4%时开始随

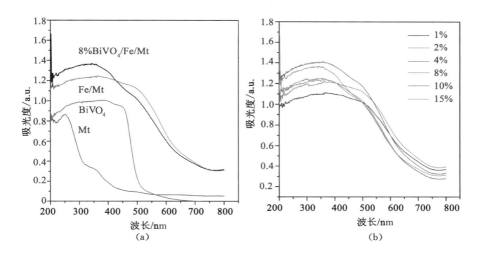

图 3-3　各样品的紫外-可见漫反射图谱

BiVO₄ 含量的继续增加而下降。但是,所有不同 BiVO₄ 含量的 BiVO₄/Fe/Mt 复合物在紫外-可见光谱范围内均有明显吸收,表明这些材料均有可能作为可见光催化材料。

各催化剂的形貌通过 SEM 进行观察分析,如图 3-4 所示。

从图中可以看出,Fe/Mt 为片状,纯 BiVO₄ 为不规则形貌的大尺寸颗粒,最大颗粒尺寸可达微米级。从图 3-4(c)所示的 BiVO₄/Fe/Mt 复合材料 SEM 图中可清晰观察到小尺寸的 BiVO₄ 颗粒负载于片状 Fe/Mt 的表面,且 BiVO₄/Fe/Mt 复合材料中的 BiVO₄ 颗粒尺寸远远小于纯 BiVO₄,表明 Fe/Mt 的存在对 BiVO₄ 的尺寸有裁剪效果。这可能是因为 Fe/Mt 表面呈正电性,VO₄³⁻ 可通过静电引力先吸附于 Fe/Mt 的表面,随后添加的 Bi³⁺ 可与已吸附于 Fe/Mt 表面的 VO₄³⁻ 反应原位生成 BiVO₄。这一过程在一定程度上会限制 BiVO₄ 颗粒的生长以及聚合结晶的过程。

各材料的氮气吸附-脱附等温曲线结果如图 3-5 所示。根据 Brunauer-Deming-Deaming-Teller(BDDT)分类,从图中可知所有材料的氮气吸附-脱附等温线属于 Ⅳ 型(Ussenov et al. ,2019),根据国际纯粹与应用化学联合会(IUPAC)分类(Gunjakar et al. ,2011),Fe/Mt、8%V/Fe/Mt 和

图 3-4　各样品的 SEM 图

（a）Fe/Mt；（b）BiVO₄；（c）8％BiVO₄/Fe/Mt

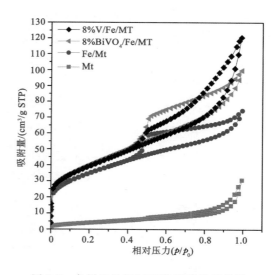

图 3-5　各样品的氮气吸附-脱附等温线图

8％BiVO₄/Fe/Mt 的滞后曲线属于 H3 型。Ⅳ 型等温线和 H3 型滞后曲线表明,Fe/Mt、8％V/Fe/Mt 和 8％BiVO₄/Fe/Mt 均属于典型的介孔材料,具有高的吸附能。

另外从表 3-1 中数据可知,蒙脱石原土的比表面积和孔体积分别为 16.5 m²/g 和 0.035 cm³/g;随着羟基 Fe 离子的引入,Fe/Mt 的比表面积和孔体积分别增大至 125.5 m²/g 和 0.108 cm³/g,表明羟基 Fe 离子插入蒙脱石层间后能显著提高蒙脱石的比表面积和增大蒙脱石的孔体积。当进一步引入 BiVO₄ 后,8％BiVO₄/Fe/Mt 复合材料的比表面积和孔体积分别继续增加至 141.0 m²/g 和 0.170 cm³/g,证实了相比于 Mt 和 Fe/Mt,8％BiVO₄/Fe/Mt 复合材料具有更多的吸附位点。

二、光催化性能评估

考察异相光助芬顿催化剂的光催化降解酸性红 18 性能高低的指标主要有三个,分别为酸性红 18 脱色率、酸性红 18 矿化率(TOC 去除率)和体系 Fe 离子浸出浓度。通常认为催化体系中染料的脱色率和矿化率越高、Fe 离子浸出浓度越低,催化剂的催化活性越高。不同 BiVO₄ 含量复合材料的异相光助芬顿催化降解酸性红 18 的效果如图 3-6 所示。

从图中可以看出,各异相光助芬顿催化体系中酸性红 18 脱色率和矿化率均先随复合材料中 BiVO₄ 含量的增加而上升,但当其含量高于 8％时,体系中酸性红 18 脱色率和矿化率开始呈下降趋势。同时,当 BiVO₄ 含量为 8％时,体系 Fe 离子浸出浓度最低,表明 8％BiVO₄/Fe/Mt 的光助芬顿催化效果最好、稳定性最强。

为了进一步评估引入 BiVO₄ 后的优势,进行了多组不同实验条件下的光催化降解酸性红 18 实验。从图 3-7 中可以看出,在只有可见光辐射条件下,酸性红 18 的脱色率仅为 8.0％,TOC 去除率接近为零,意味着纯可见光对酸性红 18 几乎没有降解作用。当添加 8％BiVO₄/Fe/Mt 或者 Fe/Mt 后,酸性红 18 去除率仍未见明显提高,表明这两种催化剂对酸性红 18 均无明显的吸附效果。而当 Fe/Mt 和 8％BiVO₄/Fe/Mt 分别与 H₂O₂ 组成芬顿体系后,酸性红 18 脱色率分别能达到 37.1％和 56.4％,

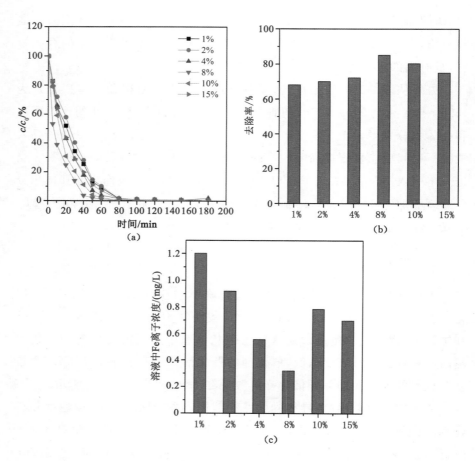

图 3-6　不同 $BiVO_4$ 含量的 $BiVO_4/Fe/Mt$ 复合材料光催化性能测试

（a）酸性红 18 脱色情况；（b）酸性红 18 矿化情况；（c）各催化体系的 Fe 离子浸出情况

然而 TOC 去除率仍然很低。

在 H_2O_2 和可见光的共同作用下，酸性红 18 的脱色率可高达 79.2%，主要归因于 H_2O_2 的光分解产生了活性自由基。当进一步引入 $BiVO_4$ 后，酸性红 18 的脱色率稍微增加至 80.3%，因为 $BiVO_4$ 受光激发后可产生光生电子，而 H_2O_2 接收光生电子后可生产·OH。然而这两个体系的酸性红 18 矿化情况仍然不理想，反应 180 min 后 TOC 去除率均只达到了 10%。同时，该现象也可说明在该实验条件下，纯 $BiVO_4$ 光催

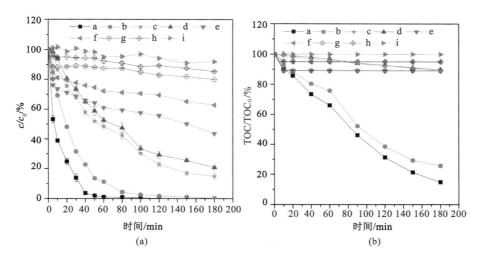

a—8%BiVO₄/Fe/Mt＋H₂O₂＋可见光;b—Fe/Mt＋H₂O₂＋可见光;

c—BiVO₄＋H₂O₂＋可见光;d—H₂O₂＋可见光;e—8%BiVO₄/Fe/Mt＋H₂O₂;

f—Fe/Mt＋H₂O₂;g—8%BiVO₄/Fe/Mt＋可见光;h—Fe/Mt＋可见光;i—可见光。

图 3-7　不同反应条件下酸性红 18 的脱色(a)和矿化(b)

化降解酸性红 18 的能力很弱。

在 Fe/Mt、H₂O₂ 和可见光共存体系中,酸性红 18 脱色率和 TOC 去除率均显著提升,但是该体系的酸性红 18 去除效果仍然低于"8% BiVO₄/Fe/Mt＋H₂O₂＋可见光"体系。"8%BiVO₄/Fe/Mt＋H₂O₂＋可见光"体系和"Fe/Mt＋H₂O₂＋可见光"体系完全去除酸性红 18 所需时间分别为 40 min 和 80 min,并且反应 180 min 后 TOC 去除率可分别达到91.0%和74.2%。结果表明,BiVO₄ 的引入能显著提高 Fe/Mt 在可见光辐射下的催化活性。

同时,我们对酸性红 18 脱色率数据进行了拟合,以$-\ln(c/c_0)$为纵坐标、时间为横坐标作图,拟合结果如图 3-8 所示。拟合结果显示,在给定实验条件内 8%BiVO₄/Fe/Mt、Fe/Mt 以及纯 H₂O₂ 体系催化降解酸性红 18 过程都符合准一级动力学模型,得到的拟合相关系数 R^2 都在0.95以上。线性回归的斜率(即表观动力学常数 K)的大小顺序为:"8% BiVO₄/Fe/Mt＋H₂O₂＋可见光"体系>"Fe/Mt＋H₂O₂＋可见光"体系>

"H_2O_2＋可见光"体系,该结果进一步证实了 8％$BiVO_4$/Fe/Mt 的光助芬顿催化效果要优于 Fe/Mt。

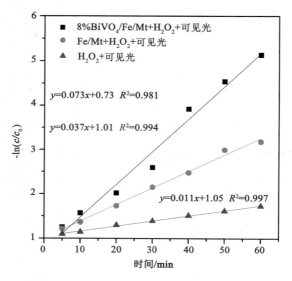

图 3-8　不同实验条件下酸性红 18 的脱色速率

三、异相光助芬顿体系中·OH 的形成研究

·OH 具有很高的氧化还原电位(2.80 eV),可以无选择性地氧化和矿化环境中大多数有机污染物。同时,众多研究报道显示,在异相光助芬顿体系中·OH 为主要活性组分(Gao et al.,2015),它的生成速率是影响水中有机污染物降解效率的关键因素。因此,为了详细探讨引入 $BiVO_4$ 催化降解酸性红 18 的优势,我们对"8％$BiVO_4$/Fe/Mt＋H_2O_2＋可见光"体系和"Fe/Mt＋H_2O_2＋可见光"体系所产生的·OH 进行了定量分析。

从图 3-9 中可以看出,"8％$BiVO_4$/Fe/Mt＋H_2O_2＋可见光"体系和"Fe/Mt＋H_2O_2＋可见光"体系中的·OH 浓度均是先随反应时间的延长而增加,当反应 150 min 后,·OH 的生成浓度不再明显上升,可能的原因是 H_2O_2 在反应 150 min 后已消耗完。另外可明显看出,在整个异相光助芬顿催化过程中,"8%BiVO$_4$/Fe/Mt＋H$_2$O$_2$＋可见光"体系所产生的·OH 浓度均要高于"Fe/Mt＋H$_2$O$_2$＋可见光"体系。反应 180 min后,两个体系产生的·OH 浓度分别为 1 062.2 μmol/L 和 953.2 μmol/L,表明 BiVO$_4$ 的存在能促进异相光助芬顿体系中·OH 的产生。

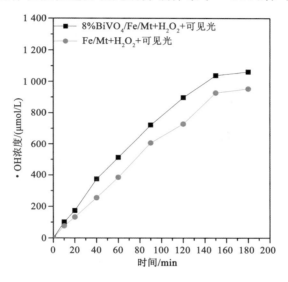

图 3-9　异相光助芬顿体系中·OH 的生成情况

四、催化剂的稳定性测试

为了测试各催化剂的稳定性,我们对反应过程中 Fe 离子的浸出浓度进行了定量分析(图 3-10)。结果显示,在只有可见光辐射下也能造成 Fe 离子浸出,这主要归因于 8%BiVO$_4$/Fe/Mt 和 Fe/Mt 的光腐蚀作用。同时,H$_2$O$_2$ 也能引起 8%BiVO$_4$/Fe/Mt 和 Fe/Mt 中的 Fe 离子浸出,浸出浓度分别能达到 0.604 mg/L 和 0.167 mg/L。

图 3-10 插入的小图是"8%BiVO$_4$/Fe/Mt＋H$_2$O$_2$＋可见光"体系和"Fe/Mt＋H$_2$O$_2$＋可见光"体系中 Fe 离子浸出随时间变化图。从图中可以看出,这两个体系中的 Fe 离子均是先随反应时间的增加而增加,而当反应 120 min 后体系中的 Fe 离子浓度开始呈下降趋势。这主要归因于酸性红 18 降解的中间产物会捕获催化剂表面的 Fe^{3+} 形成络合物,游离

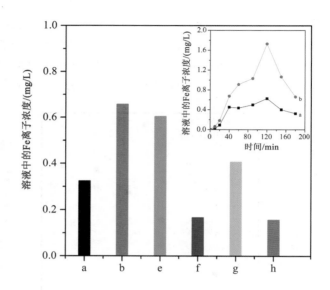

a—8%BiVO$_4$/Fe/Mt+H$_2$O$_2$+可见光;b—Fe/Mt+H$_2$O$_2$+可见光;

e—8%BiVO$_4$/Fe/Mt+H$_2$O$_2$;f—Fe/Mt+H$_2$O$_2$;

g—8%BiVO$_4$/Fe/Mt+可见光;h—Fe/Mt+可见光。

图 3-10　不同实验条件下 Fe 离子浸出随时间变化图

于溶液中,从而造成浸出 Fe 离子浓度升高;随着反应的继续,中间产物与 Fe^{3+} 形成的络合物逐渐被矿化成 CO$_2$ 和 H$_2$O 时,Fe 离子会被重新释放,最终被吸附的 Fe 离子重新回到催化剂表面,从而呈先上升后下降的趋势。另外,从图中还可得到一个很重要的信息,在整个反应过程中"8% BiVO$_4$/Fe/Mt+H$_2$O$_2$+可见光"体系中的 Fe 离子浓度一直低于"Fe/Mt+H$_2$O$_2$+可见光"体系,反应 180 min 后体系残留的 Fe 离子浓度分别为 0.32 mg/L(质量比 0.4%)和 0.66 mg/L(质量比 0.7%)。这一研究结果表明 BiVO$_4$ 的引入能提高 Fe/Mt 的稳定性。

　　此外,催化剂的使用寿命也是评估催化剂性能的一个重要指标。8%BiVO$_4$/Fe/Mt 催化剂重复使用的结果如图 3-11 所示。

　　从图中可以看出,8%BiVO$_4$/Fe/Mt 在重复使用 4 次之后,酸性红 18 的脱色率几乎未下降(>99%),TOC 去除率呈轻微下降的趋势,可能是因为一些上一周期的中间产物吸附于催化剂的表面,减少了可利用的反

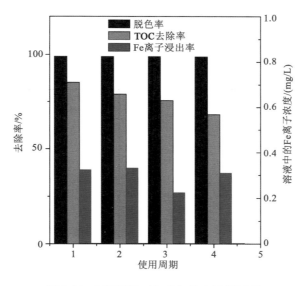

图 3-11　8％BiVO₄/Fe/Mt 稳定性测试图

应活性位点,从而影响了其这一使用周期的催化活性。但是循环使用 4 次后,8％BiVO₄/Fe/Mt 光助芬顿催化体系的 TOC 去除率仍高于72％。同时,循环使用 4 次后溶液中的 Fe 离子浸出率仍然低于 0.4 mg/L,表明 8％BiVO₄/Fe/Mt 在可见光辐射下具有良好的稳定性。

五、均相芬顿与异相芬顿性能评估

为了评估 8％BiVO₄/Fe/Mt 光助芬顿催化降解酸性红 18 过程中均相光助芬顿过程的贡献,选取异相光助芬顿中最高(0.63 mg/L)和最低(0.32 mg/L)Fe 离子浸出浓度作为均相光助芬顿反应的初始 Fe 离子浓度。

如图 3-12(a)所示,从异相光助芬顿催化降解效果与均相光助芬顿过程降解效果对比可知,这三个催化体系中酸性红 18 的脱色效果均很高,反应 180 min 后,酸性红 18 的脱色率都超过了98％。然而,从 TOC 去除情况[图 3-12(b)]可以看出,异相光助芬顿体系中酸性红 18 的矿化速率远远快于均相光助芬顿体系。反应 180 min 后,"8％BiVO₄/Fe/Mt＋H₂O₂＋可见光"体系 TOC 去除率为91.0％,而均相过程 TOC 去除率分别仅为 40.3％(0.63 mg/L)和 21.9％(0.32 mg/L)。因此,8％BiVO$_4$/Fe/Mt 催化体系中异相光助芬顿过程对酸性红 18 的矿化作用贡献率远远高于均相光助芬顿过程。

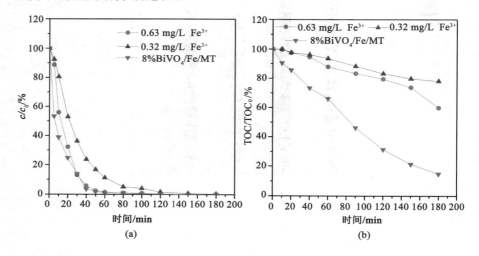

图 3-12　异相与均相光助芬顿过程降解酸性红 18 的效果
(a)脱色;(b)矿化

六、机理分析

综合以上实验结果,相比较于 Fe/Mt,BiVO$_4$/Fe/Mt 复合材料具有更好的芬顿催化活性,以其为芬顿试剂的催化体系具有更高的·OH 生成量和较低的 Fe 离子浸出浓度,这主要归因于两个方面(催化机理如图 3-13 所示):① BiVO$_4$/Fe/Mt 复合材料中的 BiVO$_4$ 可催化降解酸性红 18。BiVO$_4$ 受光辐射后其价带上的电子被激发,并越过禁带到达导带,从而在价带和导带上分别形成光生空穴和光生电子(Naing et al.,2020)。光生电子与体系中的溶解氧反应产生 O$_2^{\cdot-}$,而空穴可与水反应产生·OH,同时空穴也可与 O$_2^{\cdot-}$ 进一步反应生成 ^{1}O$_2$。所生成的自由基具有一定的氧化能力,可以氧化降解酸性红 18。② BiVO$_4$/Fe/Mt 表面的 Fe^{3+} 可以作为电子受体接收 BiVO$_4$ 受光激发后产生的光生电子,既促进了光生电子和空穴的分离,同时也加快了 Fe^{3+} 向 Fe^{2+} 的转换,从而加快了芬顿反应的速度,进而促进了体系中·OH 的产生速率,随之增强了酸性红 18 的降解效果。

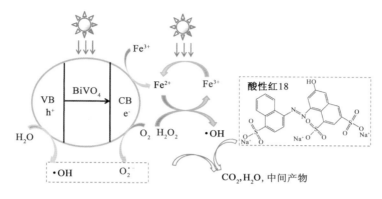

图 3-13　BiVO₄/Fe/Mt 的催化机理图

第四节　结　　论

本章以蒙脱石为原料,通过阳离子交换法先制备了 Fe/Mt,并将其用作载体研制了 BiVO₄/Fe/Mt 复合材料,详细探讨了 N 型半导体材料(BiVO₄)对异相芬顿催化剂(Fe/Mt)光助芬顿降解酸性红 18 的性能影响以及相关的催化机理。这部分工作得到的主要结论如下:

(1) BiVO₄ 不仅负载于 Fe/Mt 表面,还成功插入了蒙脱石层间;Fe/Mt 对 BiVO₄ 的尺寸有裁剪的效果,且复合材料具有更大的比表面积,能有效地抑制 BiVO₄ 颗粒团聚。

(2) BiVO₄/Fe/Mt 复合材料中 BiVO₄ 含量为 8% 时具有最高的催化活性,对酸性红 18 的脱色率可达到 99%,·OH 含量可高达 1 062.2 μmol/L;同时 8% BiVO₄/Fe/Mt 具有最优的结构稳定性,重复使用 4 次后,8% BiVO₄/Fe/Mt 催化降解酸性红 18 的效果仍高达 98%,而体系 Fe 离子浸出率仍低于 0.4 mg/L。

(3) BiVO₄/Fe/Mt 的催化机理:首先 BiVO₄ 受光辐射,其价带上的电子被激发,并越过禁带到达导带,从而在价带和导带上分别形成光生空穴和光生电子,材料中的 Fe^{3+} 可以作为电子受体接收光生电子,促进光生电子和空穴分离的同时也加快了 Fe^{3+} 向 Fe^{2+} 的转换,从而可以加快芬顿反应的速度,进而增快了·OH 的产生速率,随之增强了酸性红 18 的降解效果。

第四章　BiVO₄/水铁矿中性条件下光助芬顿催化机理探讨

第一节　引　　言

第一章中提到传统的芬顿反应主要依靠 Fe^{2+} 与 H_2O_2 的反应产生 ·OH 来氧化降解有机污染物，然而该反应过程中 Fe^{2+} 的再生率较低，从而导致去除有机污染物的效果随时间的延长逐渐下降，如式（4-1）、（式 4-2）所示。前人研究表明，光（<580 nm）的引入能促进 Fe^{2+} 再生，从而提高芬顿反应的催化效率，而这一过程也被称之为光助芬顿反应［见式 4-3）］（Klamerth et al.，2013；Bokare et al.，2014）。然而光的引入促进 Fe^{2+} 再生的能力还是有限，尤其是在可见光（>420 nm）的辐射下（Ju et al.，2017）。另一个阻碍光助芬顿广泛应用的缺点是该反应过度依赖 pH。研究表明，光助芬顿在 pH 值 2.8～3.5 的范围内，催化降解有机污染物的效果最好（Cai et al.，2016）。在酸性环境中，异相光助芬顿反应中·OH 的产生途径主要有两个：① 异相芬顿催化剂中固体的 Fe 离子与 H_2O_2 反应产生·OH；② 溶液中异相芬顿催化剂中浸出的 Fe 离子与 H_2O_2 反应产生·OH。然而，当 pH 逐渐上升到中性时，溶液中浸出的 Fe 离子会产生沉淀（Tang et al.，2016），并且固体中的 Fe^{3+} 还原的难度要远远高于液相中 Fe^{3+} 的还原（Ma et al.，2015），因此大部分的异相光助芬顿催化剂在中性条件下催化降解有机污染物的效果较差。例如，Feng 等（2004）研究了羟基铁负载膨润土催化剂在不同 pH 值下光助芬顿催化降解橙黄Ⅱ,研究发现当pH值从3上升到6.6时,羟基铁负载膨润土催化降解橙黄Ⅱ的效果急剧下降。因此,加快异相光助芬顿催化剂表面Fe^{3+}的还原是提高中性条件下异相光助芬顿催化剂催化活性的一种有效手段。

$$Fe^{2+}+H_2O_2 \longrightarrow Fe^{3+}+\cdot OH+OH^- \quad K\approx70 \text{ mol/(L·s)} \quad (4\text{-}1)$$

$$Fe^{3+}+H_2O_2 \longrightarrow Fe^{2+}+\cdot OOH+H^- \quad K=0.001\sim0.01 \text{ mol/(L·s)}$$
$$(4\text{-}2)$$

$$Fe(OH)^{2+} \longrightarrow Fe^{2+}+\cdot OH \quad (4\text{-}3)$$

$$\cdot OOH \rightleftharpoons O_2^{\cdot -}+H^- \quad (pKa=4.8) \quad (4\text{-}4)$$

早期的研究显示,激发态的染料可提供电子给溶液中的Fe^{3+}和固体表面的Fe^{3+},促使其还原成Fe^{2+},这一过程也被称为染料光敏化过程(Ma et al.,2015)。同时,铁羧酸盐络合物的光致脱羧过程也可以通过配体-金属价电转移机制加快Fe^{3+}的还原(Xu et al.,2019a;Giannakis et al.,2016;Moreira et al.,2015)。也有很多研究发现,原位添加一些有机物(如酒石酸、甲酸和草酸等)与铁氧化物形成稳定的络合物可以改变Fe^{3+}/Fe^{2+}的氧化还原电位,进而降低Fe^{3+}的还原难度(Guo et al.,2019;Dai et al.,2018;Ma et al.,2015)。但是,这三种方法有个共同的致命缺点,即在光助芬顿的反应过程中,添加的染料或者有机物自身也会被降解,从而导致催化剂的重复使用效果变差,不利于其广泛应用。

结合上一章的工作以及一些研究报道,我们发现在光助芬顿催化体系中引入半导体材料(如TiO$_2$、BiVO$_4$)能有效地提高光助芬顿催化降解有机物的效果(Hu et al.,2019b;Xu et al.,2016c;Yang et al.,2015)。光助芬顿催化性能的显著提高可能归功于体系中的半导体材料受光激发后可将自身所产生的光生电子转移至光助芬顿催化剂表面的Fe^{3+}中,从而促进Fe^{2+}的形成,进而加快了H$_2$O$_2$产生·OH的速率。但是这仅仅是根据实验现象提出的假设,并未有确切的证据。此外,也有研究报道认为H$_2$O$_2$也可以作为半导体材料光生电子的受体,在促进光生电子空穴分离的同时也能提高体系自由基的含量。因此,关于半导体增强光助芬顿催化性能的原因(半导体的光生电子是传递给Fe^{3+}还是H$_2$O$_2$)还需要更多的研究来确定。

本章通过在单斜型 $BiVO_4$ 上生长 Fh 的方式制备了 $BiVO_4$/Fh。通过研究体系 H_2O_2 的消耗、Fe^{2+} 的再生以及 ROS 的形成来详细探讨 BiVO₄ 对 Fh 光助芬顿性能的影响以及相关的制约机制，并利用复合材料光催化降解酸性红 18 的实验验证 BiVO₄ 的存在确实可以增强 Fh 的光助芬顿催化活性。

第二节　实 验 部 分

一、实验试剂

草酸钛钾[$K_2TiO(C_2O_4)_2 \cdot 2H_2O$]、邻菲罗啉($C_{12}H_8N_2$)、醋酸($CH_3COOH$)、醋酸氨($CH_3COONH_4$)、二甲基亚砜(DMSO)、乙腈($C_2H_3N$)以及 2,4-二硝基苯肼(DNPH)均为分析纯,购于广州化学试剂厂。5,5-二甲基 1-吡咯啉-N-氧化物(DMPO)、超氧化钾(KO_2)、4-氯-7-硝基-2,1,3-苯并氧杂噁二唑(NBD-Cl)、邻苯二甲酸(TA)和 2-羟基邻苯二甲酸(TAOH)购自阿拉丁试剂有限公司。其他试剂见第二、第三章。所有化学试剂和材料未经任何前处理,直接使用。

二、样品制备

Fh 的合成方式:40 mL 浓度为 1 mol/L 的 $Fe(NO_3)_3$ 和 20 mL 浓度为 6 mol/L 的 NaOH 同时缓慢滴入 10 mL 的超纯水中,磁力搅拌的同时控制混合液的 pH 值为 7±0.2。全部滴加完后继续磁力搅拌 3 h,随后离心洗涤数次干燥备用。

$BiVO_4$ 的合成方式:磁力搅拌条件下,将 36 mmol 的 $Bi(NO_3)_3$ 溶于 150 mL、2 mol/L 的硝酸溶液中,然后将 150 mL、36 mmol 的 NH_4VO_3 溶液缓慢地滴入上述溶液中,磁力搅拌的同时使用 2.0 mol/L 的氨水控制最终悬浮液的 pH 值约为 2.0。继续搅拌 2 h 后将悬浮液转移至 500 mL

水热釜中,200 ℃下水热反应 24 h 后冷却至室温,随后离心洗涤数次干燥备用。

  $BiVO_4/Fh$ 的制备过程:称取一定量(0.043 g、0.128 g、0.214 g)的 $BiVO_4$ 分散于 50 mL 的水中。为了使 $BiVO_4$ 分散均匀,将其悬浮液超声 30 min 后再使用。然后将 40 mL 浓度为 1 mol/L 的 $Fe(NO_3)_3$ 和 20 mL 浓度为 6 mol/L 的 NaOH 同时缓慢滴入已超声好的 $BiVO_4$ 悬浮液中,磁力搅拌的同时控制混合液的 pH 值为 7±0.2。全部滴加完后继续磁力搅拌 3 h,随后离心洗涤数次干燥备用。根据 $BiVO_4$ 的含量,得到的样品分别命名为 1%$BiVO_4/Fh$、3%$BiVO_4/Fh$ 和 5%$BiVO_4/Fh$。

三、催化表征

  催化剂的 X 射线衍射分析(XRD)采用 Bruker D8 Advance 衍射仪完成。测试条件:Cu 靶,电压 40 kV,电流 40 mA,扫描速度 2°/min,扫描范围 10°~80°。催化剂的 X 射线光电子能谱分析(XPS)在 Thermo Fisher Scientific K-Alpha 光谱仪上完成。采用污染碳 C1s 标准结合能 284.8 eV 来校正化学位移。催化剂的形貌分析和表面元素组成由 Carl Zeiss SUPRA55SAPPHIR 扫描电镜(SEM)和 Oxford Inca250 X-Max20 能谱仪完成。采用 TEM-EDS(FEI Talos F200S)对 3%$BiVO_4/Fh$ 复合材料的元素进行面扫分析。催化剂的紫外-可见漫反射分析是由紫外-可见分光光度计(UV-2550)进行测量,扫描范围为 200~800 nm,扫描速度为 3 200 nm/min,用 $BaSO_4$ 粉末压白板。

  采用美国麦克公司的 ASAP2020M 型比表面积仪,利用高纯氮气吸附-解吸特性测定催化剂的比表面积及孔容与孔径等性质。所有样品测试前于 30 ℃真空脱气 12 h,催化剂的比表面积和孔容分别通过多点 BET 方程和 H-K 法计算得到。催化剂的颗粒尺寸分布是由马尔文激光粒度仪(Zetasizer Nano-ZS90 和 Omecls-601A)进行测定。

四、实验设计与分析方法

  光催化反应在北京泊菲莱科技有限公司生产的 PCX50A Discover

多通道光催化反应仪中进行。光催化活性由催化剂光助芬顿催化降解酸性红18的催化效果来评估。5 W 的 LED 灯(450 nm,0.7 mW/cm^2)作为可见光光源。

光催化降解酸性红18的实验过程:称取 0.02 g 催化剂(纯 BiVO$_4$ 为 0.003 g)置于 50 mL 的石英管中,随后加入 50 mL 浓度为 5×10^{-5} mol/L 的酸性红18溶液或者超纯水;将试管放入光化学反应仪,开启磁力搅拌,随后加入 1.0×10^{-2} mol/L 的 H$_2$O$_2$,最后开启 LED 灯。酸性红18溶液和超纯水的 pH 值采用 1 mol/L 的 HNO$_3$ 和 1 mol/L 的 NaOH 进行调节。使用紫外-可见分光光度计测量其在 509 nm 波长处的吸光度值。溶液中总 TOC 在日本岛津 TOC-V CPH 型 TOC 分析仪上测得,溶液中总 Fe 离子浸出浓度由美国 PerkinElmer AAnalyst 400 型原子吸收光度计测得。

BiVO$_4$/Fh 光助芬顿催化降解酸性红18稳定性测试:在上述光催化反应完后离心析出固体催化剂用于下一轮催化反应,并测量上清液的 TOC 值和 509 nm 波长处的吸光度值。

在规定的时间点取 1 mL 样,并迅速地过 0.45 μm 滤膜。

溶液中 H$_2$O$_2$ 浓度的测量过程:将 3 mL 的草酸钛钾溶液(10 mmol/L,溶质为 2.4 mol/L 的 H$_2$SO$_4$)加入盛有 1 mL 样的比色管中,暗处显色 10 min 后于 400 nm 波长处测量其吸光度值(Ge et al.,2014)。溶液中 Fe 离子浸出浓度由美国 PerkinElmer AAnalyst 400 型原子吸收光度计测得。

固体中 Fe^{2+} 浓度的测量过程:在规定的时间点取样,离心去除上清液收集反应后的催化剂,并将 0.02 g 反应后的催化剂置于 25 mL 的比色管中。然后依次加入 0.2 g 的 Na$_2$CO$_3$、2 mL 的 HCl(1∶1)、1 mL 浓度为 1 mol/L 的 NH$_4$F、5 mL 的邻菲罗啉溶液(3×10^{-2} mol/L)和 10 mL 的 CH$_3$COONH$_4$-CH$_3$COOH 缓冲液(pH 值为 4.2),最后用超纯水稀释至 25 mL 刻度处,于暗处显色 15 min,然后在 400 nm 波长处测量其吸光度值(Latta et al.,2014)。

为了测定催化反应过程中的活性自由基形成情况,采用 Brucker

ESR E500 对反应过程中的·OH 和 $^1O_2$ 进行定性测定。·OH 和 $O_2^{\cdot-}$ 的捕获剂均为 DMPO,反应介质分别为水和甲醇。为了减少实验误差,所有样品采用规格、材质一样的石英毛细管。

为了量化分析体系中的·OH 和 $O_2^{\cdot-}$,TA(4 mmol/L)和 NBD-Cl(200 μmol/L)分别用作·OH 和 $O_2^{\cdot-}$ 的荧光探针。TA 与·OH 产物为 TAOH,TAOH 可采用日本日立 F-4500 型荧光光谱仪测量。测试条件:激发波长 312 nm,主发射波长 425 nm。$O_2^{\cdot-}$ 的分析过程:取 1 mL NBD-Cl 与 $O_2^{\cdot-}$ 的反应产物立即加入 2 mL 乙腈中,混合均匀后测试。测试条件:激发波长 470 nm,主发射波长 550 nm。

第三节　结果与讨论

一、催化剂表征结果分析

从图 4-1 所示的 XRD 图谱可以看出,纯 $BiVO_4$ 为单斜晶型,在 2θ 为 18.9°、28.8°和 35.5°处均有衍射特征峰。在 $BiVO_4/Fh$ 图谱中仍然可以观察到单斜 $BiVO_4$ 的特征峰(除了 1% $BiVO_4/Fh$,由于 $BiVO_4$ 含量太低只能观察到主特征峰 28.8°),表明当表面生长出 Fh 后,并未改变 $BiVO_4$ 的结构。此外,Fh 和 $BiVO_4/Fh$ 的 XRD 图谱均在 35°和 63°处有两个大包峰,表明所生长出的 Fh 均为 2 线 Fh(Das et al.,2011),同时 $BiVO_4$ 的存在不影响 Fh 的结构。

根据各催化剂的 BET 数据(表 4-1)可知,纯 Fh 的比表面积可高达 301.9 m^3/g,而 $BiVO_4/Fh$ 复合材料的比表面积要稍微小于纯 $BiVO_4$,并且复合材料的比表面积随 $BiVO_4$ 含量的增加呈轻微下降趋势,如 1% $BiVO_4/Fh$ 的比表面积为 293.2 m^3/g,3% $BiVO_4/Fh$ 的比表面积轻微降低至 288.2 m^3/g,这可能是由于纯 $BiVO_4$ 的比表面积太小,只有 5.2 m^3/g,从而影响到了整个复合材料的比表面积。

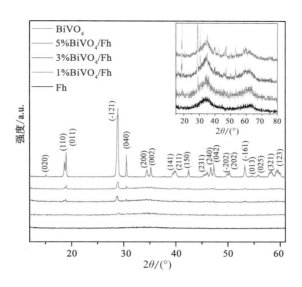

图 4-1　各样品的 XRD 图

表 4-1　各样品的结构特征

| 样品 | Fe | O | Bi | V | 比表面积 |
	原子比/%	原子比/%	原子比/%	原子比/%	/(m³/g)
Fh	21.66	78.34	—	—	301.9
1%BiVO₄/Fh	14.62	85.34	—	—	293.2
3%BiVO₄/Fh	13.00	86.72	0.14	0.14	288.2
5%BiVO₄/Fh	12.13	87.43	0.22	0.22	282.8

　　图 4-2 为 SEM 观察到的各催化剂的表面形貌图。

　　从图中可以看出,纯 BiVO₄ 为缩短型的正方双锥颗粒,而 Fh 为小颗粒的聚集体。SEM 图显示引入 BiVO₄ 后,1% BiVO₄/Fh 和 3% BiVO₄/Fh 复合材料的形貌与纯 Fh 的形貌并未发现明显变化,而在 5% BiVO₄/Fh 复合材料中可观察到 BiVO₄ 的存在。尽管 BiVO₄ 的棱角分明,颗粒尺寸也可达微米级,但是低 BiVO₄ 含量的复合材料中观察不到 BiVO₄ 存在的原因可能是与复合材料的合成方式有关。BiVO₄/Fh 复合材料的合成是以 BiVO₄ 为基底,然后在其表面均匀生长出 Fh。尽管多数研究报道认为 Fh 是纳米级的球状颗粒,但是由于纳米级的 Fh 容易团聚成微米级别的颗粒(Xu et al.,2016a),造成复合材料中的 $BiVO_4$ 容易被后期生长于表面的 Fh 遮住,从而导致引入 $BiVO_4$ 后 1% $BiVO_4$/Fh 和 3% $BiVO_4$/Fh 复合材料的形貌与 Fh 相比并未有明显变化。

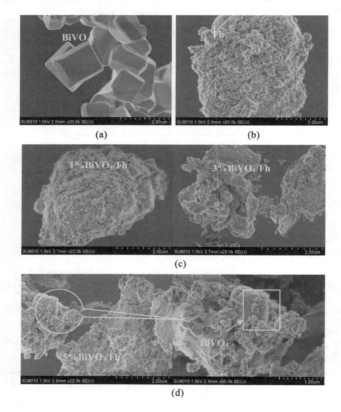

图 4-2　各样品的 SEM 图

采用 EDS 分析各催化剂的元素组成(表 4-1、图 4-3),结果显示各复合物中 Bi 和 V 的原子比为 1,与 $BiVO_4$ 的理论值一致。3% $BiVO_4$/Fh 中 Bi 和 V 的原子比均为 0.14,5% $BiVO_4$/Fh 中 Bi 和 V 的原子比为 0.22。由于 1% $BiVO_4$/Fh 中 $BiVO_4$ 含量太低,致使 EDS 未检测到 Bi 和 V 元素。同时,从 TEM-EDS 面扫结果可知,Bi、V、O 和 Fe 在 3% $BiVO_4$/Fh 复合材料中分布均匀。

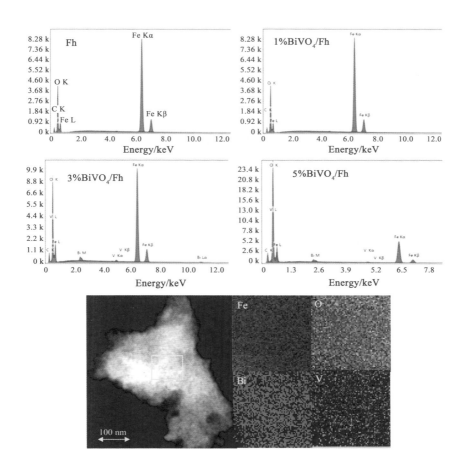

图 4-3 样品的 EDS 图谱和 3%BiVO₄/Fh 的 TEM-EDS 图

图 4-4 所示为各样品的颗粒尺寸分布情况,结果显示纯 $BiVO_4$ 的平均颗粒尺寸约为 459.9 nm,纯 Fh 的平均颗粒尺寸为 403.9 nm。$BiVO_4/$Fh 复合材料的颗粒尺寸大小随 $BiVO_4$ 含量的增加而增加,如 1% $BiVO_4/$Fh 的平均颗粒尺寸为 503.0 nm,3%$BiVO_4/$Fh 的平均颗粒尺寸为 698.8 nm,5%$BiVO_4/$Fh 的平均颗粒尺寸增大至了 976.1 nm。$BiVO_4$ 通常在 pH 值大于 2.5 的水相中呈负电性,而 Fh 在 pH 值小于 8.5 的水相中呈正电性(Obregón et al.,2013;Sverjensky et al.,2006)。

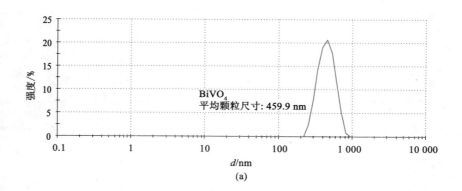

(a)

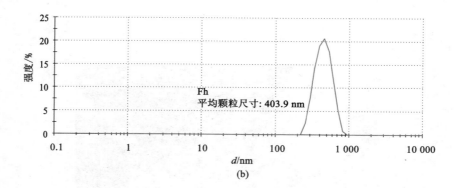

(b)

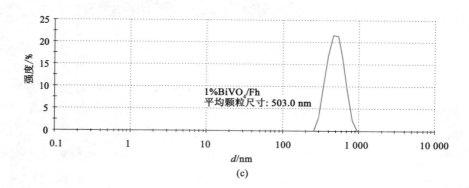

(c)

图 4-4 各样品的颗粒尺寸分布图

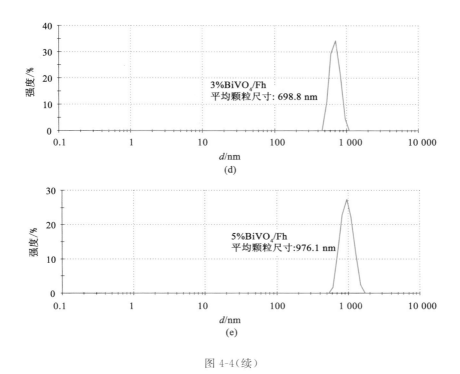

图 4-4(续)

　　因此,在 pH 值为 7 的条件下,BiVO₄ 和 Fh 理论上能通过静电引力而相互吸引,从而造成了复合材料的颗粒尺寸随 BiVO₄ 含量增加的现象。

　　各催化剂的光吸收特性通过紫外-可见漫反射进行表征,结果如图4-5 所示。

　　从图中可以看出,单斜型 BiVO₄ 可以吸收波长小于 540 nm 的太阳光,而纯 Fh 在整个紫外至可见光区域(<650 nm)均有光吸收。与纯 BiVO₄ 相比,BiVO₄/Fh 的吸收边出现了明显的红移,吸收边可达 600 nm,这大大扩展了催化剂的光吸收波长范围。而与纯 Fh 相比,BiVO₄/Fh 表现出更强的吸光强度,且 BiVO₄/Fh 复合材料在紫外至可见光区域的吸光强度随 BiVO₄ 含量的增加而增强。

　　另外,根据 Kubelka-Munk 公式可计算纯 BiVO₄ 的带隙能,具体过程:以 $h\nu$ 为横坐标、$(ah\nu)^2$ 为纵坐标作图,然后引切线算截距($y=0$),该

截距值即为 $BiVO_4$ 的带隙能,如图 4-5 中的插图所示。根据计算结果,$BiVO_4$ 带隙能为 2.41 eV,该值与大部分文献报道的一致(Huang et al.,2014b;Sverjensky et al.,2006)。

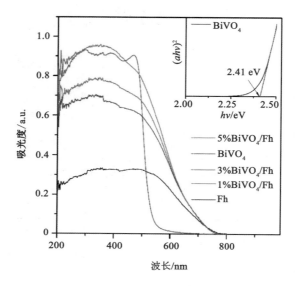

图 4-5　各样品的紫外-可见光漫反射图谱

纯 $BiVO_4$ 的平带电位可通过 Mott-Schottky 表征进行测定,结果如图 4-6 所示。

通常认为 N 型半导体的 Mott-Schottky 曲线斜率为正,而 P 型半导体的 Mott-Schottky 曲线斜率为负(Khan et al.,2014)。从图 4-6 中可以看出,在电压 $-0.6 \sim 0.6$ V 范围内,纯 $BiVO_4$ 的 Mott-Schottky 曲线斜率为正,表明 $BiVO_4$ 为 N 型半导体。对 Mott-Schottky 曲线引切线,当 $1/c^2 = 0$ 时的截距即为平带电位的值。根据计算结果,$BiVO_4$ 的平带电位为 -0.4 V vs. Ag/AgCl。由于 $E(NHE) = E(Ag/AgCl) + 0.197$ V,所以转换成 NHE 表达方法时 $BiVO_4$ 的平带电位为 -0.2 V vs. NHE。通常认为 N 型半导体的平带电位值即为其导带的值,P 型半导体的平带电位值为其价带的值(Sayama et al.,2002),因此本研究中纯 $BiVO_4$ 的导带位置为 -0.2 V vs. NHE。

由于 Fe 的氧化还原电位为 $E^0(Fe^{3+}/Fe^{2+})=+0.77$ V vs. NHE,高于 BiVO₄ 导带的值(−0.2 V vs. NHE)。因此,理论上 BiVO₄ 导带上的电子可以传递给 Fe^{3+}。我们预期在 BiVO₄/Fh 复合材料催化体系中,BiVO₄ 的存在可以促进 Fh 表面的 Fe^{3+} 还原成 Fe^{2+}。

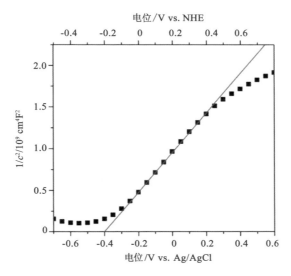

图 4-6　BiVO₄ 在 1 kHz 频率下的 Mott-Schottky 图

二、H₂O₂ 分解研究

图 4-7 所示为不同反应体系中 H₂O₂ 的消耗情况。

从图中可以看出,单独可见光作用下,H₂O₂ 损耗量很少,在反应 60 min 后 H₂O₂ 分解率仅为 5.6%。然而当加入异相光助芬顿催化剂后,H₂O₂ 分解率迅速提高。在 Fh 体系中,反应 60 min 后 H₂O₂ 分解率增加到了 80.2%。当引入 BiVO₄ 后,H₂O₂ 分解率进一步增加,1%BiVO₄ 的引入量时 H₂O₂ 分解率能达到 90.9%;继续增加 BiVO₄ 含量至 3%,H₂O₂ 分解率可进一步增加到 98.1%。但是当 BiVO₄ 引入量继续增加至 5% 时,H₂O₂ 分解率呈轻微下降趋势,反应 60 min 后,分解率降低至 96.2%,可能原因是 BiVO₄ 含量过高时容易团聚,导致光生电子与空穴分离效果变差,图 4-4 所示的结果也证实了高 $BiVO_4$ 含量的 $BiVO_4/Fh$ 复合材料颗粒尺寸达到了微米级别。

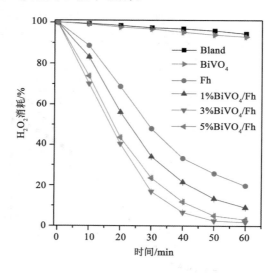

图 4-7　不同反应体系中 H_2O_2 的消耗情况

Ge 等(2012)的研究发现在 $BiVO_4$/太阳光催化体系中引入 H_2O_2 能显著地提高罗丹明 B 的降解率,因为 H_2O_2 可以作为 $BiVO_4$ 的光生电子受体。同时,他们还发现,体系中引入的 Fe^{3+} 也可以作为 $BiVO_4$ 产生的光生电子受体,而这一过程也可以促进光生电子与空穴分离。因此,$BiVO_4/Fh$ 促进 H_2O_2 分解可能的原因有两个:一是 $BiVO_4$ 通过传递光生电子给 H_2O_2 造成 H_2O_2 分解;二是 $BiVO_4$ 将光生电子传递给 Fh 表面的 Fe^{3+} 促进 Fe^{2+} 的生成,从而间接加快了芬顿反应速率造成 H_2O_2 分解效率提高。但是在本研究中,纯的 $BiVO_4$ 降解 H_2O_2 的效果与 H_2O_2 自身光降解效果相比并没有明显提高,表明 $BiVO_4$ 自身分解 H_2O_2 不是 $BiVO_4/Fh$ 促进 H_2O_2 分解的主要原因。如果是第二种原因,$BiVO_4/Fh$ 复合材料表面的 Fe^{2+} 含量应该会增高,关于这一点会在接下来的研究中详细探讨。

三、Fe^{2+} 再生

由于 Fe^{2+} 的生成情况对确定 H_2O_2 降解增强的原因十分重要,因此我们对催化体系中的 Fe^{2+} 含量进行了测定。首先,在上清液中均未检测到总 Fe 和 Fe^{2+} 的信号,二者的含量均低于检出限(检出限分别为 0.1 mg/L 和 0.06 mg/L),表明 Fh 和 BiVO₄/Fh 在中性的环境下都比较稳定。图 4-8 所示为各催化剂表面的 Fe^{2+} 生成情况。

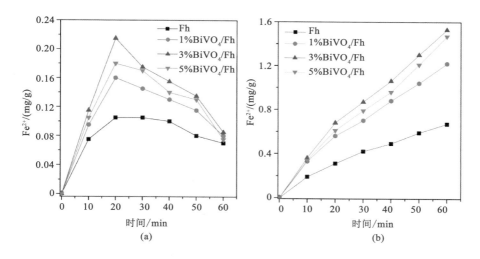

图 4-8 各样品中 Fe^{2+} 浓度随时间变化图
(a) 添加 H_2O_2 体系;(b) 未添加 H_2O_2 体系

从图 4-8(a)中可以看出,在 H_2O_2 和可见光的共同作用下,所有催化体系均可以检测到 Fe^{2+},并且 Fe^{2+} 的生成量在前 20 min 迅速增加,然后随反应时间的继续增加呈下降趋势,这一变化趋势与 Ma 等(2015)报道的一致。

有趣的是,当只有可见光作用时[图 4-8(b)],各催化剂表面的 Fe^{2+} 含量均随反应时间的延长而增加,反应趋势与添加了 H_2O_2 的体系截然不同。这可能是由于当有 H_2O_2 存在时,生成的 Fe^{2+} 可快速地与 H_2O_2 反应生成 Fe^{3+};而当没有 H_2O_2 时,生成的 Fe^{2+} "存活"时间相对较长且可积累于催化剂表面。另外,从图中还可以观察到不管体系是否存在 H_2O_2,BiVO₄/Fh 复合物表面的 Fe^{2+} 浓度要远远高于 Fh,且复合物表面的 Fe^{2+} 浓度先随 BiVO₄ 含量的增加而增加,当 BiVO₄ 含量高达 5%时,

Fe^{2+} 浓度呈轻微下降趋势,这与体系 H_2O_2 消耗趋势一致。

根据先前的报道,在光催化过程中 Fe^{3+} 可以作为半导体材料(如 Bi-VO_4、TiO_2 和 Ag_3PO_4)光生电子的受体,可抑制光生电子与空穴的复合(Xu et al.,2016c,d;Ge et al.,2012;Tong et al.,2008)。因此,在本研究中,$BiVO_4$/Fh 复合材料表面 Fe^{2+} 浓度高的原因可归功于 $BiVO_4$ 的存在,因为 $BiVO_4$ 受可见光辐射后,可将其产生的光生电子转移至 Fh 表面的 Fe^{3+} 上,从而促进 Fe^{2+} 的生成。这一结果也可以验证上一节中 $BiVO_4$/Fh 体系中 H_2O_2 消耗的增强主要归功于 $BiVO_4$ 将光生电子传递给 Fh 表面的 Fe^{3+} 促进 Fe^{2+} 的生成,从而间接加快了芬顿反应速率,进而促使 H_2O_2 分解效率提高。

为了进一步证明 $BiVO_4$/Fh 复合材料中 $BiVO_4$ 存在的优势,对反应前后催化剂中的铁元素进行了 XPS 表征,表征结果如图 4-9 所示。从纯 Fh 的 XPS 图谱中可以观察到两个峰,分别位于 710.4 eV 和 711.5 eV,这两个峰均为 Fe^{3+} 的特征峰。然而在以 Fh 为催化剂的体系中,不管有没有加 H_2O_2,反应后均未能检测到 Fe^{2+} 的存在。

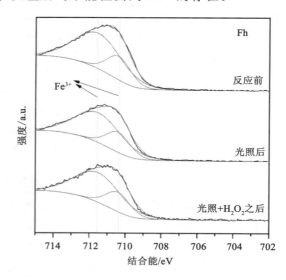

图 4-9　Fh 和 3%$BiVO_4$/Fh 反应前后的 XPS 图谱

对于以 $3\%BiVO_4/Fh$ 为催化剂的体系（图 4-10），当添加 H_2O_2 时，反应后跟纯 Fh 体系一样，均未能观察到 Fe^{2+} 的信号峰，可能是由于生成的 Fe^{2+} 含量太低而未被检测出来，还可能因为 Fe^{2+} 可导致 H_2O_2 分解而快速消耗。而在未添加 H_2O_2 体系的 XPS 图谱中可以明显观察到多了一个位于 709.6 eV 的信号峰，该峰归属于 Fe^{2+} 的特征峰。XPS 结果进一步证实了 $BiVO_4/Fh$ 复合物表面的 Fe^{3+} 可以接收来自 $BiVO_4$ 的光生电子，从而还原成 Fe^{2+}。

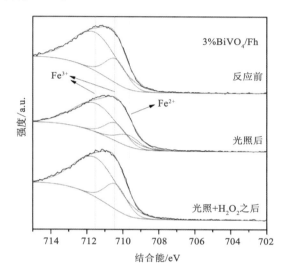

图 4-10　$3\%BiVO_4/Fh$ 反应前后的 XPS 图谱

四、活性氧的鉴定

考虑到活性自由基的形成对光助芬顿的催化性能有着重要的影响，采用 EPR 检测仪对体系中产生的 ·OH 和 $O_2^{\cdot-}$ 进行了检测，结果如图 4-11所示。EPR 图中显示在水相环境的 Fh 体系和 $BiVO_4/Fh$ 体系中，均出现了 DMPO-·OH（$a_N = a_{H\beta} = 14.96$ G）4 个明显的特征峰，峰的强度比约为 1：2：2：1（Lee et al.，2002）。而在甲醇相环境下的 Fh 体系和 $BiVO_4/Fh$ 体系中，也可以观察到 4 个信号峰，峰的强度比约为 1：1：1：1，这是典型的 DMPO-$O_2^{\cdot-}$ 特征峰（Zhang et al.，2016）。EPR 的结果证明了 BiVO$_4$/Fh 和 Fh 异相光助芬顿体系中均能产生 · OH 和 O$_2^{\cdot -}$。

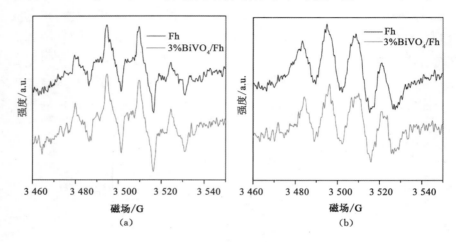

图 4-11　可见光辐射 20 min 时 Fh 和 3％BiVO$_4$/Fh
体系中 DMPO- · OH(a)和 DMPO-O$_2^{\cdot -}$ 加合物(b)的 EPR 图谱

　　为了进一步分析体系中活性自由基生成情况,TA 和 NBD-Cl 分别用作荧光探针来定量分析异相光助芬顿体系中 · OH 和 O$_2^{\cdot -}$ 的含量。如图 4-12 所示,TA、H$_2$O$_2$ 和 Fh 的催化体系中有明显的 · OH 形成,并且在 420 nm 处的荧光发射强度随反应时间的延长而增加,当反应 60 min 后体系中的 · OH 浓度可达到 15.4 μmol/L。当以 3％BiVO$_4$/Fh 为异相光助芬顿催化剂时,体系中的 · OH 浓度和 420 nm 处的荧光发射强度均高于 Fh 体系,且反应 60 min 后体系中的 · OH 浓度可达到 28.3 μmol/L,表明 BiVO$_4$ 的存在能促进 · OH 的形成。另外,BiVO$_4$/Fh 复合物催化体系中的 · OH 含量先随 BiVO$_4$ 含量的增加而增加,当 BiVO$_4$ 含量为 3％时,反应 60 min 后体系中 · OH 的含量最高,可达到 28.3 μmol/L,而当 BiVO$_4$ 含量增加至 5％时,· OH 的生成量呈下降趋势。

　　图 4-13 所示为异相光助芬顿体系中 O$_2^{\cdot -}$ 的生成情况。比较图 4-12 和图 4-13,可以明显发现异相光助芬顿体系中 · OH 的含量要远远高于 O$_2^{\cdot -}$ 的含量。这一结果表明体系中 · OH 为主导自由基,与普遍研究光助芬顿报道的结果一致(Gao et al.,2015)。从图 4-13 可以看出在

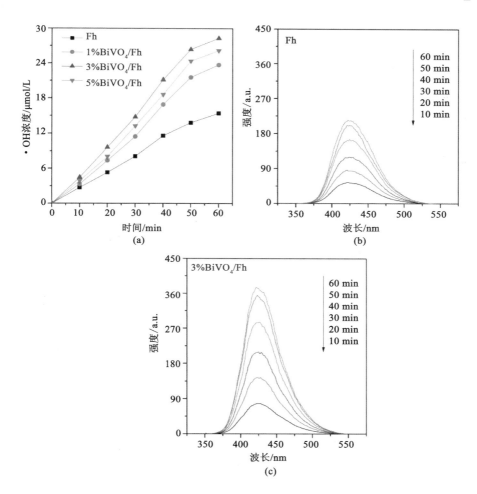

图 4-12 光助芬顿体系中·OH 生成图
(a)和 TA-·OH 加合物(b,c)的荧光发射光谱图

NBD-Cl、H_2O_2 和 Fh 体系中 $O_2^{\cdot-}$ 的最高浓度可达到 4.1 μmol/L。而当引入 BiVO₄ 后,体系中 $O_2^{\cdot-}$ 浓度和 550 nm 处的荧光发射强度均呈下降趋势,表明 BiVO₄ 的存在会抑制 $O_2^{\cdot-}$ 的产生。

光助芬顿体系中,·OH 主要是依靠 Fe^{2+} 与 H_2O_2 反应产生。而当 pH 值高于 4.8 时,体系中的 H_2O_2 可以与 Fe^{3+} 产生 $O_2^{\cdot-}$。对于纯 BiVO₄ 体系而言,BiVO₄ 受光激发后可分别在导带上产生光生电子、价带上产生

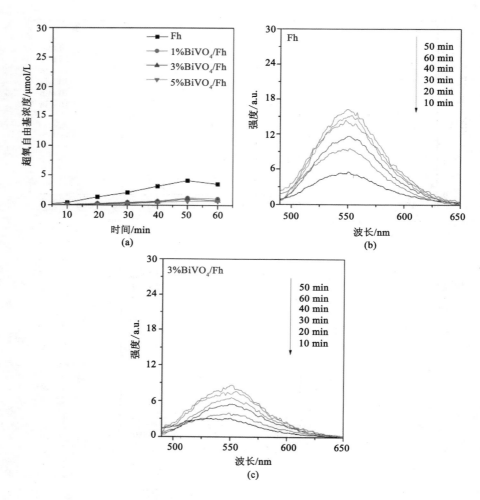

图 4-13　光助芬顿体系中 $O_2^{\cdot-}$ 生成图

(a)和 NBD-Cl-$O_2^{\cdot-}$ 加合物(b,c)荧光发射光谱图

光生空穴。由于 $BiVO_4$ 的价带位置低(-0.2 V vs. NHE),其导带上的光生电子可以与水相中的溶解氧反应生成 $O_2^{\cdot-}$(-0.046 V vs. NHE)。然而当体系中共存其他电子受体时,如 Fe^{3+},$BiVO_4$ 导带上的光生电子会优先与其他电子受体结合,会显著抑制式(4-5)所示的反应过程。

$$O_2 + e^- \rightleftharpoons O_2^{\cdot-} + H^- \tag{4-5}$$

根据以上实验结果可知,BiVO₄ 的存在能促进 $\cdot OH$ 的形成,但是会抑制 $O_2^{\cdot-}$ 的生成。也就是说,引入 BiVO₄ 后,Fe^{3+} 和 H_2O_2 的反应被抑制,而 Fe^{2+} 与 H_2O_2 的反应加快了,这一结果可以更好地证明 BiVO₄ 可提供电子促进 Fh 表面的 Fe^{3+} 还原成 Fe^{2+}。

五、酸性红 18 的降解研究

为了验证所制备催化剂在中性条件下(pH 值为 6.5)的光助芬顿催化活性,我们进行了几组不同实验条件下催化降解酸性红 18 的实验。在无光的实验条件下(图 4-14),各催化剂均可吸附去除约 20% 的酸性红 18(脱色率与 TOC 去除率几乎一致)。同时,BiVO₄/Fh 复合材料吸附去除的酸性红 18 量要低于纯 Fh 体系,并且 BiVO₄ 含量越高,吸附去除酸性红 18 的量越低,表明 BiVO₄ 的存在降低了 BiVO₄/Fh 复合材料对酸性红 18 的吸附效果,主要的原因有两点:一是与各催化剂的比表面积相关,引入 BiVO₄ 后复合材料的比表面积呈下降趋势,这一趋势与 BiVO₄/Fh 复合材料吸附酸性红 18 的规律一致;二是与各材料的等电点有关,BiVO₄ 的等电点为 2.5,在 pH 值大于 2.5 的水溶液中呈负电性,酸性红 18 为阴

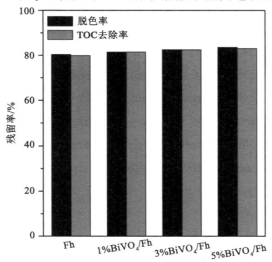

图 4-14 各样品暗反应条件下去吸附去除酸性红 18

离子染料(Obregón et al.,2013;Sverjensky et al.,2006),由于同性相斥从而导致 BiVO₄ 的存在降低了 Fh 对酸性红 18 的吸附。

当引入可见光后(图 4-15),纯 H₂O₂ 依靠光解产生的·OH 可以降解约 10％的酸性红 18,TOC 去除率几乎为零。正如所预期的,纯 BiVO₄ 的引入并未明显提高酸性红 18 的去除率。然而一旦添加光助芬顿催化剂后,体系中酸性红 18 的去除率显著提升,这主要归功于异相光助芬顿催化剂与 H₂O₂ 反应产生的·OH。在纯 Fh 体系中,酸性红 18 的脱色率大约为 55％、TOC 去除率为 35.8％;而当引入 1％的 BiVO₄ 后,酸性红 18 的去除率可以增加至 82.8％(TOC 去除率为 66.3％),并且当 BiVO₄ 含量进一步增加至 3％时,酸性红 18 的脱色率和 TOC 去除率可分别高达 95.6％和 69.7％。当 BiVO₄ 含量继续增加至 5％,酸性红 18 去除效果轻微下降,脱色率和 TOC 去除率分别为 93.7％和 68.5％,这一规律与前面研究的 H₂O₂ 分解和·OH 形成的规律一致。

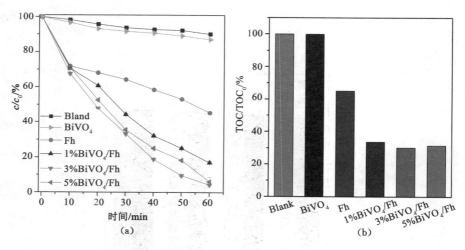

图 4-15　各样品光助芬顿降解酸性红 18
(a) 脱色;(b) 矿化

综合以上,酸性红 18 降解实验证实了即使在中性条件下,BiVO₄ 的引入仍然可以增强 Fh 的光助芬顿催化效果。

另外,使用原子吸收法对各催化体系的 Fe 离子浸出溶液进行了测定。根据表 4-2 所示的结果,发现各催化剂在中性条件下均无明显 Fe 离子浸出。因此,在这些催化体系中不会有副产物铁泥的生成。

表 4-2　不同实验条件下溶液中 Fe 离子浸出浓度

		pH	Fh	1%	3%	5%
黑暗条件	空白	6.5	N	N	N	N
	芬顿	6.5	N	N	N	N
可见光辐射	空白	6.5	N	N	N	N
	光助芬顿	4.0	0.181	—	0.105	—
		6.5	N		N	
		8.0	N		N	

注:"N"表示低于 AAS 检测限(1 mg/L);"—"表示未检测。

　　通常认为催化剂的循环使用寿命对评估其能否工业化应用非常重要,因此我们对 3%BiVO$_4$/Fh 的使用寿命进行了评估,重复使用的结果如图 4-16 所示。

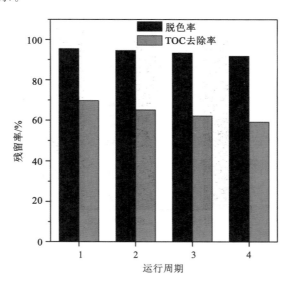

图 4-16　3%BiVO$_4$/Fh 循环使用实验

从图中可以看出,3%BiVO$_4$/Fh 在重复使用 4 次之后,酸性红 18 的脱色率(90.1%)和 TOC 去除率(59.1%)未见明显下降,并且 Fe 离子的浸出浓度仍然低于原子吸收的检测限(表 4-2),表明 3%BiVO$_4$/Fh 在可见光辐射下具有很好的稳定性。

另外,我们还研究了 pH 值对 Fh 和 3%BiVO$_4$/Fh 光助芬顿催化降解酸性红 18 的影响。从图 4-17 可以看出,在无光条件下 Fh 和 3%BiVO$_4$/Fh 吸附去除酸性红 18 的效果随 pH 值的增加呈下降的趋势,这主要跟 Fh 的表面电荷性质有关。当染料溶液 pH 值小于 8.5 时,Fh 的表面呈负电性,而酸性红 18 是一种阴离子染料,因此 Fh 可通过静电引力吸附去除酸性红 18。但是随着水相 pH 值从 4.0 增加至 8.0,二者之间的静电引力作用逐渐变弱,从而导致 Fh 和 3%BiVO$_4$/Fh 对酸性红 18 的吸附能力随 pH 值的递增呈下降趋势。但是总体而言,Fh 对酸性红 18 的吸附效果要优于 3%BiVO$_4$/Fh。

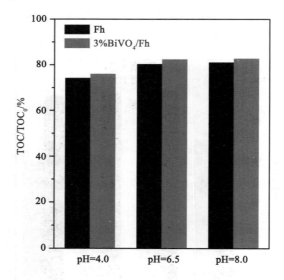

图 4-17　pH 值对 Fh 和 3%BiVO$_4$/Fh 暗反应去除酸性红 18 的影响

在可见光辐射下(图 4-18),Fh 和 3%BiVO$_4$/Fh 光助芬顿在初始 pH 值为 4.0 时的酸性红 18 去除效果最好,且不管是酸性红 18 的脱色率还是 TOC 去除率,均随溶液 pH 值的增加呈下降趋势,主要的原因可能有两个:① 固相中的 Fe^{3+} 还原成 Fe^{2+} 的难度要远远高于溶液中的 Fe^{3+}。当溶液 pH 值为 4.0 时,Fh 和 3%BiVO₄/Fh 光助芬顿催化体系的 Fe 离子浸出浓度分别为 0.181 mg/L 和 0.105 mg/L;而在 pH 值为 6.5 和 8.0 的光助芬顿催化体系中,均未检测到 Fe 离子浸出。所以在 pH 值为 4.0 的条件下,体系中 Fe^{3+} 的还原比 pH 为 6.5 或 8 体系中的 Fe^{3+} 还原容易些。② •OH 的氧化电位随 pH 值的上升呈下降趋势,pH 值为 3 时,其氧化电位在 2.65~2.80 V 的范围内,而当 pH 值上升至 7 时,其氧化电位降低至 1.90 V。因此,中性条件下 •OH 的氧化能力要弱于酸性环境,最终导致了酸性红 18 的去除率随 pH 值的增加呈下降趋势。

然而,不管是酸性环境还是中性环境,3%BiVO₄/Fh 的光助芬顿活性都要高于 Fh,即使酸性环境中 Fh 的 Fe 离子浸出浓度(0.181 mg/L)高于 3%BiVO₄/Fh 催化体系(0.105 mg/L)。同时,我们上一章的研究结果显示 BiVO₄ 的引入能显著增强 Fe/Mt 在酸性条件下的光助芬顿活性,表明半导体的引入不仅可以增强异相光助芬顿试剂在酸性条件下的催化活性,而且在中性条件下依然可以强化异相光助芬顿试剂的催化效果。

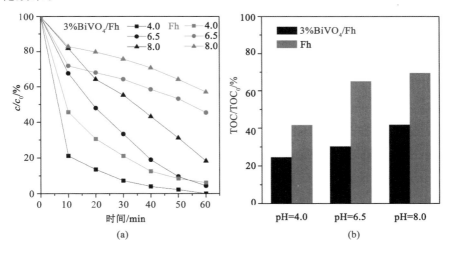

(a)　(b)

图 4-18　pH 值对 Fh 和 3%BiVO₄/Fh 光助芬顿催化降解酸性红 18 的影响

(a) 脱色;(b) 矿化

第四节 结 论

本章利用单斜型 $BiVO_4$ 改性 Fh,制备了新型可见光催化剂 $BiVO_4$/Fh 复合材料,详细探讨了其在中性环境下的催化性能以及相关的催化机制。这部分工作得到的主要结论如下:

(1) $BiVO_4$/Fh 复合材料中 $BiVO_4$ 含量为 4.7% 时具有最高的催化活性,$BiVO_4$ 的存在可促进 H_2O_2 的分解,$BiVO_4$/Fh 复合物表面高的 Fe^{2+} 浓度证实 H_2O_2 消耗的增强主要归功于 $BiVO_4$ 将光生电子传递给 Fh 表面的 Fe^{3+},从而促进 Fe^{2+} 的生成,间接加快了芬顿反应速率造成 H_2O_2 分解效率提高,而非 $BiVO_4$ 自身降解 H_2O_2。

(2) $BiVO_4$ 的存在能促进 ·OH 的形成,但会抑制 $O_2^{·-}$ 的形成,这主要归因于复合材料中的半导体材料 $BiVO_4$ 可将受光激发所产生的光生电子传递给 Fh 中的 Fe^{3+},从而加速了 Fe^{3+} 向 Fe^{2+} 的转换,增加了体系中 ·OH 的浓度。

(3) $BiVO_4$/Fh 复合材料中 $BiVO_4$ 含量为 3% 时具有最高的催化活性。中性条件下,3% $BiVO_4$/Fh 复合材料体系中酸性红 18 的脱色率可达到 95.6%;适量的 $BiVO_4$ 可以提高 Fh 在可见光辐射下芬顿体系的稳定性,重复使用 4 次后,对酸性红 18 的脱色率仍可达到 90.1%。偏酸性和偏碱性条件下,3% $BiVO_4$/Fh 复合材料催化体系中酸性红 18 的降解率均高于 Fh 催化体系,证实了半导体材料的引入既可以增强异相光助芬顿催化剂在酸性条件下的催化活性,又可以增强其在中性条件下的催化活性。

第五章　富勒醇修饰水铁矿太阳光催化降解酸性红 18 研究

第一节　引　　言

碳纳米材料如富勒烯（C_{60}）及其衍生物富勒醇（PHF），由于其特殊的纳米效应而表现出优异的力学、光学、电学、催化等性能，在电子、医学、制药、环保、能源等众多领域得到了广泛的应用（Yuan et al.，2019；Zhou et al.，2018，2020）。在富勒醇分子中，所有的碳原子都是等同的，可通过 sp^2 杂化形成 σ 键，同时剩余的 p 轨道在球面上形成大 π 键。C_{60} 的离域 π 结构使它具有很强的亲电子性，在与其他物质联结时，会影响它们的电子传输性能，可使 C_{60} 与其他物质发生界面电子转移。C_{60} 在电子传输过程中能够发生快速、有效的光致电荷分离和相对较慢的电荷复合（Ge et al.，2014）。C_{60} 产生自由基的主要途径有两种（图 5-1），而这一过程也被认为是 C_{60} 的催化机理。第一种是电子的传递途径，首先 C_{60} 受光激发，由单线激发态（$^1C_{60}^*$）经过系间穿越到达三线态（$^3C_{60}^*$），$^3C_{60}^*$ 会迅速将一个电子转移给氧分子，进而形成 $O_2^{\cdot-}$；另一种是能量传递途径，$^3C_{60}^*$ 可被氧分子高效率地淬灭，从而生成大量的 $^1O_2$，同时 C_{60} 在可见光区域也具有一定吸光性能。

根据这一特性，人们已开始研究 C_{60}/PHF 作为改性光催化添加剂的可行性。目前已有 C_{60}/PHF 改性半导体材料的报道，如 C_{60} 改性 TiO_2（Zhou et al.，2020；Bai et al.，2012）、C_{60}/$BiWO_6$（Kottappara et al.，

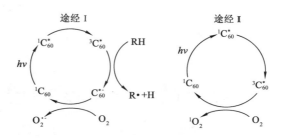

图 5-1　富勒烯光催化机理图

2019)、PHF 修饰 ZnO（Yao et al.，2019）等，这些研究结果均表明
C_{60}/PHF是一种良好的电子受体，可促进半导体材料的光生电子与空穴
的分离，从而提高了光催化效果。然而，关于 C_{60}/PHF 异相芬顿催化体
系的研究还尚未见报道。

　　Fh 在 pH＜8.5 的水相环境中呈正电性，PHF 在 pH＝3.0～9.5 范
围内呈负电性(Ge et al.，2014)，因此，在合适的 pH 值范围内 Fh 和 PHF
之间可产生强静电引力。同时，Fh 和 PHF 表面都含有羟基，所以它们之
间也有可能通过脱质子的方式形成共价键。由于 $E^0(C_{60}^{+}/{}^{1}C_{60}^{*})=0.1$ V
vs. NHE＜$E^0(Fe^{3+}/Fe^{2+})=0.77$ V vs. NHE(Wang et al.，2011b)，所以
理论上激发态的 PHF 可以传递电子给 Fh 表面的 Fe^{3+}，促进其还原成
Fe^{2+}，从而进一步提高 Fh 的光助芬顿催化活性。

　　本章中采用不同含量的 PHF 改性 Fh 的方式制备了一系列 PHF/Fh
复合材料。通过多种表征手段对材料的结构和形貌进行表征分析；通过
光催化降解酸性红 18 的实验来探讨 PHF/Fh 复合材料的光助芬顿催化
活性及相关动力学机制。此外，对材料的稳定性和光助芬顿催化体系中
活性自由基的种类及含量也进行了研究，并进一步详细探讨了 PHF 提高
光助芬顿催化活性的机制。

第二节 实 验 部 分

一、实验试剂

高纯 PHF[99％,$C_{60}(OH)_{21} \cdot 6H_2O$]购于江苏苏州大德科技有限公司。糠醇($C_5H_6O_2$,FFA)、碘化钾(KI)均为分析纯,购于广州化学试剂厂,其余试剂见前章所述。所有化学试剂和材料未经任何前处理,直接使用。

二、材料制备

PHF/Fh 的制备过程:配置 1 L 浓度为 1 g/L 的 PHF 溶液,为了防止 PHF 团聚,配置时需先超声 30 min。然后将 40 mL 浓度为 1 mol/L 的 $Fe(NO_3)_3$ 和 20 mL 浓度为 6 mol/L 的 NaOH 同时缓慢滴入一定量(50、100、200 和 400 mL)浓度为 1 g/L 的 PHF 溶液中,磁力搅拌的同时控制混合液的 pH 值为 7±0.2。全部滴加完后继续磁力搅拌 30 min,离心洗涤数次后干燥备用。根据 PHF 的含量,将制备的样品分别命名为 1.2％PHF/Fh、2.3％PHF/Fh、4.7％PHF/Fh 和 9.4％PHF/Fh。

纯 Fh 的合成方式:40 mL 浓度为 1 mol/L 的 $Fe(NO_3)_3$ 和 20 mL 浓度为 6 mol/L 的 NaOH 同时缓慢滴入 10 mL 的超纯水中,磁力搅拌的同时控制混合液的 pH 值为 7±0.2。全部滴加完后继续磁力搅拌 3 h,离心洗涤数次后干燥备用。

三、催化表征

催化剂的 X 射线衍射分析(XRD)采用 Bruker D8 Advance 衍射仪完成。测试条件:Cu 靶,电压 40 kV,电流 40 mA,扫描速度 2°/min,扫描范围 10°～80°。采用 Carl Zeiss SUPRA55SAPPHIR 扫描电镜(SEM)观察催化剂的表观形貌。运用 Bruker Multimode 原子力显微镜来进一步观察样品的形貌和测量样品的尺寸。先将浓度很低的样品悬浮液置于云母片上,测量云母片上凸起物的高度,该值即为样品的颗粒大小。复合材料中 C 元素含量的测量由德国 Elementar 型元素分析仪完成。

催化剂的紫外-可见漫反射分析利用日本岛津紫外-可见分光光度计(UV-2550)进行测量,扫描范围为 $200 \sim 800$ nm,扫描速度为 3 200 nm/min,用 $BaSO_4$ 粉末压白板。

采用美国麦克公司的 ASAP2020M 型比表面积仪和利用高纯氮气吸附-解吸特性测定催化剂的比表面积及孔容与孔径等性质。所有样品测试前于 30 ℃ 真空脱气 12 h,催化剂的比表面积和孔容分别通过多点BET 方程和 H-K 法计算得到。

四、实验设计与分析方法

酸性红 18 降解实验在上海比朗仪器制造有限公司生产的 BL-GHX-V光化学反应仪中进行。1 000 W 的氙灯($100 \sim 105$ mW/cm²)用来模拟太阳光。

光催化降解酸性红 18 实验过程:称取 0.02 g 催化剂置于 50 mL 的石英管中,随后加入 50 mL 浓度为 2.6×10^{-4} mol/L 的酸性红 18 溶液(pH 值为 3),酸性红 18 溶液和超纯水的 pH 值采用 1 mol/L 的 HNO_3和 1 mol/L 的 NaOH 进行调节。将试管放入光化学反应仪,开启冷凝水、磁力搅拌、风扇,加入 0.6×10^{-2} mol/L 的 H_2O_2,最后开启金卤灯。在规定的时间取样,过 0.45 μm 滤膜后于 509 nm 波长处使用紫外-可见分光光度计测量其吸光度值。溶液中总 TOC 在日本岛津的 TOC-V CPH 型TOC 分析仪上测得,溶液中 Fe 离子浸出浓度由美国 PerkinElmerAAnalyst 400 型原子吸收光谱仪测得。

采用安捷伦 7890 气相色谱(色谱柱为 HP-5MS,60 m×0.32 mm×0.25 μm)和 5975C 质谱仪联用研究酸性红 18 的降解中间产物。测试条件:开始温度为 40 ℃,保持 10 min;以 12 ℃/min 的速度升温到 100 ℃,保持 1 min;然后以 5 ℃/min 的速度升温到 200 ℃,保持 1 min;最后以20 ℃/min的速度升温到 280 ℃,保持 5 min。其他的实验条件:EI 源为70 eV,氦气为载体,离子源温度为 150 ℃。

PHF/Fh 光助芬顿催化稳定性测试:在上述光催化反应完后离心析出固体催化剂用于下一轮催化反应,并测试上清液在 509 nm 波长处的吸光度值、TOC 值和 Fe 离子浸出浓度。

为了探讨反应过程中活性自由基的生成情况,采用添加活性自由基抑制剂的方式筛选光催化降解酸性红 18 过程中的主要活性自由基,碘化钾、叠氮钠和苯醌分别作为 •OH、$^1O_2$ 和 $O_2^{\cdot-}$ 抑制剂。体系中的 •OH 采用高效液相色谱法(HPLC)进行测定,具体原理和方法见第三章第二节第四部分。FFA(10^{-4} mol/L)用作 $^1O_2$ 捕获剂,残留的 FFA 可通过 HPLC 测定,检测条件:色谱柱为 Agilent Eclipse XDB-C18;UV-Vis 检测器,检测波长 220 nm;流动相为 30%甲醇-70%超纯水,流速为 1 mL/min,进样量为 20 μL。FFA 与 $^1O_2$ 的反应关系见式(5-1):

$$-d[FFA]/dt = k_r[^1O_2][FFA] \tag{5-1}$$

式中,$[^1O_2]$ 和$[FFA]$分别指 $^1O_2$ 浓度和 FFA 浓度;k_r 指反应速率常数,为 1.2×10^8 mol/(L·s)(Zhang et al.,2015)。

FFA 反应拟一级动力学常数可通过式(5-2)得到:

$$-d[FFA]/dt = k_{obs}[FFA] \tag{5-2}$$

将式(5-2)代入式(5-1),从而得到稳态 $^1O_2$ 浓度的计算公式(5-3):

$$[^1O_2] = k_{obs}/k_r \tag{5-3}$$

第三节　结果与讨论

一、结构表征分析

从 XRD 图谱(图 5-2)中可以观察到纯 Fh 在 35°和 63°处有两个大包峰,表明所合成的 Fh 为 2 线 Fh。当添加不同含量的 PHF 后,PHF/Fh 复合材料的 XRD 图谱与纯 Fh 相比并未发生改变,表明 PHF 的引入不会影响 Fh 的 2 线型结构。

根据元素分析结果(表 5-1)可知,1.2% PHF/Fh、2.3% PHF/Fh、

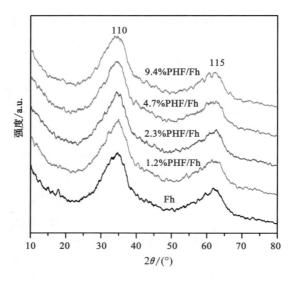

图 5-2　各样品的 XRD 图

4.7％PHF/Fh 和 9.4％PHF/Fh 中的 C 元素含量分别为 0.81、1.26、2.06和3.67 wt％。同时,根据 BET 数据(表 5-1)可知,纯 Fh 的比表面积为 263.1 m²/g,添加 PHF 后复合材料的比表面积呈下降趋势,且复合材料的比表面积随 PHF 含量的增加而降低,可能是因为 PHF 堵塞了部分 Fh 的孔隙从而导致复合材料的比表面积降低。

表 5-1　各样品的 C 含量和比表面积值

样品	C/wt％	比表面积/(m²/g)
Fh	—	263.6
1.2％PHF/Fh	0.81	255.2
2.3％PHF/Fh	1.26	241.7
4.7％PHF/Fh	2.06	228.8
9.4％PHF/Fh	3.67	203.3

各催化剂的光吸收特性通过紫外-可见漫反射进行表征,结果如图 5-3 所示。

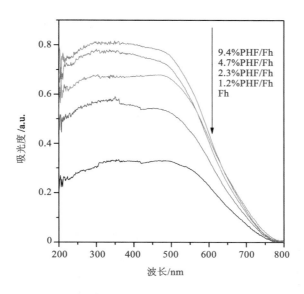

图 5-3　各样品的紫外-可见漫反射图

从图中可以看出,Fh 在整个紫外至可见光区域均有吸收。当引入 PHF 后,样品的吸光强度增加,且随 PHF 含量的增加而增加,表明 PHF 的存在能够提高 Fh 在紫外至可见光区域的光吸收。

各催化剂的形貌通过 SEM 进行观察分析,如图 5-4 所示。

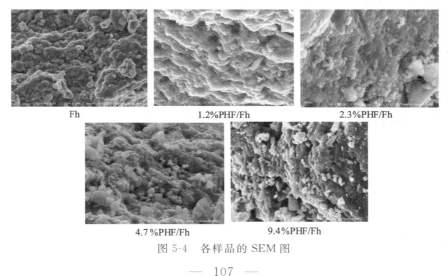

图 5-4　各样品的 SEM 图

从图中可以看出,Fh 颗粒团聚较为严重,且添加 PHF 后的 1.2%PHF/Fh、2.3%PHF/Fh、4.7%PHF/Fh 和 9.4%PHF/Fh 复合材料也表现为颗粒团聚严重,形貌均与 Fh 相比并未发生明显变化。

为了进一步了解各催化剂的形貌以及颗粒大小特征,采用 SPM 对样品进行进一步观察。从图 5-5 可以看出,纯 PHF 为粒径尺寸小于 2 nm 的球状颗粒,而纯 Fh 为粒径尺寸约为 2~3 nm 的球状物质。当 PHF 负载于 Fh 后,样品的粒径尺寸明显增大,然而所有复合材料的颗粒尺寸还是纳米级别,甚至当 PHF 含量高达 9.4%时,复合材料的粒径尺寸也不超过 12 nm。

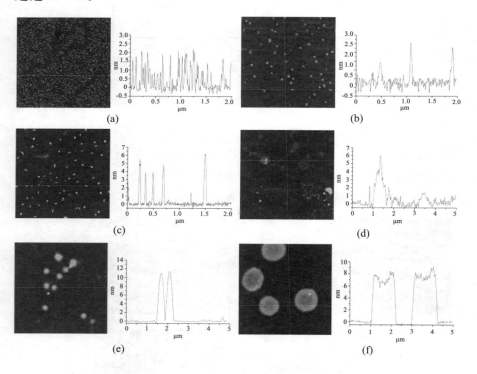

图 5-5　各样品的 SPM 粒径分析图
(a) PHF;(b) Fh;(c) 1.2%PHF/Fh;
(d) 2.3%PHF/Fh;(e) 4.7%PHF/Fh;(f) 9.4%PHF/Fh

二、催化活性评估

为了探讨 PHF 对 Fh 光助芬顿催化降解酸性红 18 的影响,我们进行了多组不同实验条件下光催化剂降解酸性红 18 的实验。首先在无光的实验条件下(图 5-6),纯 Fh 能吸附去除大概 25% 酸性红 18。由于在 pH 值为 3 的水相环境中,Fh(等电点为 8.5)呈正电性,而酸性红 18 是一种阴离子染料,因此酸性红 18 的去除主要归因于与 Fh 之间的静电引力。另外可以发现,PHF/Fh 复合材料对酸性红 18 的吸附去除效果随复合材料中 PHF 含量的增加而降低,这主要是由于 PHF 在该实验条件下呈负电性(Ge et al.,2014),因此与酸性红 18 之间存在同性相斥,从而导致酸性红 18 的吸附效果下降。

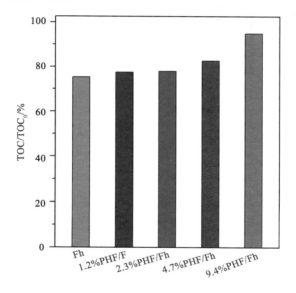

图 5-6　各样品对酸性红 18 的吸附

在模拟太阳光辐射下(图 5-7),当无催化剂和 H_2O_2 时,酸性红 18 浓度几乎未降低,表明仅模拟太阳光辐射是无法降解酸性红 18 的。当引入 H_2O_2 后,酸性红 18 去除率有所增加,但是脱色速率仍然很慢,速率常数仅为 $0.085\ \mathrm{min^{-1}}$,进一步引入 PHF,酸性红 18 脱色速率稍微有所加快。

但是这两个体系 TOC 去除率非常低,反应 180 min 后,只有约 10％的酸性红 18 完全矿化,表明纯 PHF 在该实验条件下不管是将酸性红 18 脱色还是矿化的能力都很弱。而在 $Fh+H_2O_2$ 体系中,酸性红 18 的脱色率和矿化率明显提升,但是该体系的酸性红 18 催化降解效果仍然低于 $PHF/Fh+H_2O_2$ 体系,尽管 Fh 吸附酸性红 18 的效果要优于 PHF/Fh。

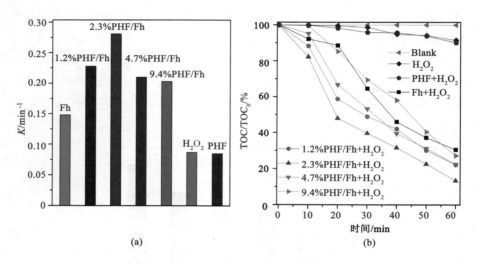

图 5-7　酸性红 18 在不同催化体系中的脱色速率常数(a)和矿化情况(b)

同时从图中还可观察到,酸性红 18 的去除速率和矿化率均随 PHF 含量的增加而增加,而当 PHF 含量高于 2.3 wt％时,酸性红 18 去除速率和矿化率呈下降趋势。2.3％PHF/Fh 作为光助芬顿催化剂时,酸性红 18 脱色速率常数能达到 $0.281\ min^{-1}$,为纯 Fh 体系酸性红 18 脱色速率($0.148\ min^{-1}$)的 2 倍。反应 60 min 后,2.3％PHF/Fh 催化体系中酸性红 18 矿化率为 86.7％,远远高于纯 Fh 体系的 69.6％,表明 PHF 的存在能有效地提高 Fh 的光助芬顿催化活性。PHF/Fh 复合材料高催化活性可归因于激发态的 PHF 不仅可以促进 $^1O_2$ 的生成,还可以提供电子供 Fh 表面的 Fe^{3+} 还原,从而进一步促进 H_2O_2 分解产生 ·OH。因此,PHF/Fh 能高效地催化降解酸性红 18 主要归因于 PHF 自身光敏化产生 $^1O_2$,以及 PHF 与 Fh 直接的协同作用增加体系中 ·OH 的含量。

三、催化剂稳定性评估

为了测试各催化材料的稳定性,我们对异相光助芬顿反应过程中的 Fe 离子浸出浓度进行了测定(图 5-8)。结果显示,在模拟太阳光辐射下, 1.2%PHF/Fh 体系和 2.3%PHF/Fh 体系中 Fe 离子浸出浓度均约为 1.05 mg/L,而 4.7%PHF/Fh 体系中 Fe 离子浸出浓度有所增加,约为 2.27 mg/L,但仍然低于纯 Fh 体系(3.42 mg/L)。当 PHF 含量为 9.7 wt%时,体系中 Fe 离子浓度可高达 7.12 mg/L,表明适量的 PHF 含量(低于 4.7 wt%)能显著增强 Fh 稳定性。

暗反应条件下,1.2%PHF/Fh 体系和 2.3%PHF/Fh 体系中均无 Fe 离子浸出,而在 4.7%PHF/Fh 体系和 9.4%PHF/Fh 体系中有轻微的 Fe 离子浸出,浸出浓度分别为 0.41 mg/L 和 0.45 mg/L,但二者均低于 Fh 体系的 Fe 离子浓度(1.38 mg/L),该结果进一步证明 PHF 的引入能增强 Fh 的稳定性。

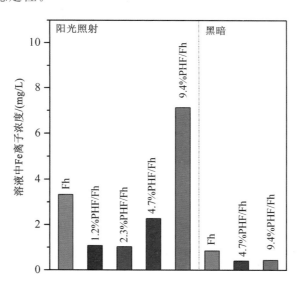

图 5-8　反应 60 min 后各体系的 Fe 离子浸出浓度

(暗反应条件下 1.2%PHF/Fh 体系和 2.3%PHF/Fh 体系中均无 Fe 离子浸出)

　　催化剂的使用寿命是评估催化剂性能的一个重要指标。从图 5-9 中可以看出,2.3％PHF/Fh 在重复使用 4 次之后,催化体系中酸性红 18 的脱色率和 TOC 去除率均未见明显下降,仍可分别高达 98％和 80％以上,表明 2.3％PHF/Fh 在模拟太阳光辐射下具有很好的稳定性。

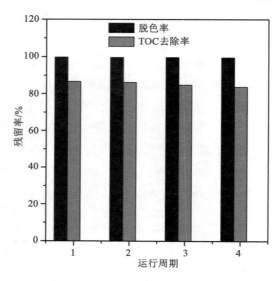

图 5-9　2.3％PHF/Fh 体系的稳定性测试

四、光助芬顿体系自由基的探讨

　　为了确定光助芬顿反应过程中活性自由基的产生情况,分别采用碘化钾、叠氮钠和苯醌作为 $\cdot OH$、$^1O_2$ 和 $O_2^{\cdot-}$ 的抑制剂来研究各抑制剂对异相光助芬顿催化降解酸性红 18 的影响。从图 5-10 中可以看出,2.3％PHF/Fh 和 Fh 体系添加自由基抑制剂后表现出不同的抑制酸性红 18 降解趋势。在 Fh 体系中,添加 $^1O_2$ 抑制剂叠氮钠后,酸性红 18 去除率并未有明显下降;而当引入苯醌后,酸性红 18 的脱色抑制效果稍有增加;添加 $\cdot OH$ 抑制剂碘化钾后,酸性红 18 的降解明显被抑制,表明在 Fh 体系中 $\cdot OH$ 是主导自由基,其次是 $O_2^{\cdot-}$ 和 $^1O_2$。

　　然而,根据 2.3％PHF/Fh 体系中酸性红 18 的抑制降解现象可以推

测,在该催化体系中,·OH 也是主导自由基。同时,还可发现当添加
·OH 抑制剂后,2.3%PHF/Fh 体系中酸性红 18 的抑制率为 49%,而同
等条件下 Fh 体系中酸性红 18 的抑制率为 33%,表明 2.3%PHF/Fh 体
系中生成的·OH 含量高于 Fh 体系。另外,在 2.3%PHF/Fh 体系中添
加 $^1O_2$ 抑制剂叠氮钠后,其酸性红 18 的降解率要低于添加了 $O_2^{·-}$ 抑制
剂苯醌后的催化体系,表明此体系中 $^1O_2$ 的生成量要高于 $O_2^{·-}$,这一现象
与 Fh 体系相反。

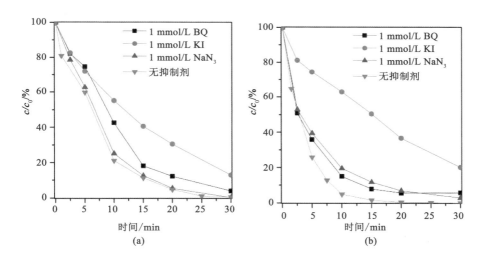

图 5-10 不同抑制剂存在条件下各体系酸性红 18 脱色图
(a) Fh;(b) 2.3%PHF/Fh

综合以上实验结果,表明 PHF 的存在可以促进体系 $^1O_2$ 和·OH 的
生成。

为了进一步分析 PHF 在异相光助芬顿反应中的影响,以下我们对
2.3%PHF/Fh 体系和 Fh 光助芬顿体系中的·OH 和 $^1O_2$ 进行定量分
析。图 5-11 所示为 2.3%PHF/Fh 体系和 Fh 光助芬顿体系中·OH 的
生成情况。

从图中可以看出,2.3%PHF/Fh 体系和 Fh 光助芬顿体系中·OH 浓
度均随反应时间的延长而增加,但是 2.3%PHF/Fh 体系中的·OH 生成

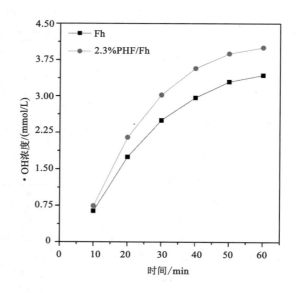

图 5-11　异相光助芬顿体系中·OH 的生成情况

量在整个反应过程中均高于 Fh 体系。例如，反应 60 min 后，2.3%PHF/Fh 体系中的·OH 含量为 4 mmol/L，而 Fh 体系中的·OH 含量只有 3.4 mmol/L，表明 PHF 的存在能促进体系中·OH 的形成，这一结果与上述自由基抑制实验结果一致。

体系中 $^1O_2$ 稳态浓度由各催化剂的异相光助芬顿体系中 FFA 的降解速率常数确定，而 FFA 的降解速率常数可通过对 FFA 降解的数据进行一级动力学方程拟合得到。具体操作为：以 $-\ln([FFA]_0/[FFA])$ 为纵坐标、时间为横坐标作图，所得斜率值即为 FFA 的降解速率常数。根据图 5-12 所示结果可知，2.3%PHF/Fh 复合材料催化体系的 FFA 降解速率明显快于 Fh 光助芬顿催化体系，FFA 降解速率常数分别为 1×10^{-4} s^{-1} 和 4×10^{-5} s^{-1}。

根据式(5-3)可知，2.3%PHF/F 体系和 Fh 体系中 $^1O_2$ 稳态浓度分别为 8.3×10^{-13} mol/L 和 3.3×10^{-13} mol/L，该结果表明 PHF 的存在能显著提高体系中 $^1O_2$ 的生成量。

根据以上实验结果可知，PHF/Fh 具有良好的光助芬顿催化活性的

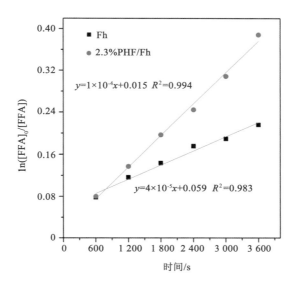

图 5-12 异相光助芬顿体系中 FFA 的降解速率图

主要原因有两点(图 5-13):一是激发态的 PHF 回到基态时,释放出的能量可将体系中的溶解氧敏化为 $^1O_2$;二是由于 $E^0(C_{60}^+/^1C_{60}^*)=0.1$ V vs. NHE $<E^0(Fe^{3+}/Fe^{2+})=0.77$ V vs. NHE,因此激发态的 PHF 可传递电子给 Fh 表面的 Fe^{3+},促使 Fe^{3+} 还原成 Fe^{2+},进而可以加快芬顿反应,促进·OH 的形成。随着体系中 $^1O_2$ 和·OH 生成量的增加,酸性红 18 的降解速率也随之加快。

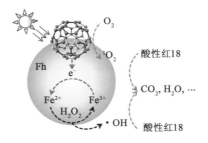

图 5-13 光催化机理图

五、酸性红 18 降解途径分析

通常染料的颜色主要由发色团和助色团共同决定(许银,2012),像酸性红 18 这类偶氮染料,发色团一般为偶氮键(Zhao et al.,2020;Xu et al.,2012;Bokare et al.,2007;Chen et al.,2006)。因此,一旦酸性红 18 分子中的偶氮键断键,就可以实现酸性红 18 脱色。图 5-14 所示为模拟太阳辐射下 pH 值为 3 时酸性红 18 光助芬顿降解过程的紫外-可见扫描图谱。

由图中可以看出,原始酸性红 18 在 509 nm 和 332 nm 处有吸收峰,其中 509 nm 代表的是酸性红 18 结构中的偶氮键(Mozia et al.,2005)。随着反应的进行,酸性红 18 特征吸收峰 509 nm 处的峰强度快速减弱,直至反应结束未观察到新的吸收峰,表明在该体系中未有其他有色中间产物生成。

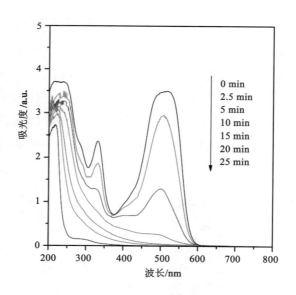

图 5-14　酸性红 18 降解过程的紫外-可见扫描图谱

首先运用 CS Chem 3D 软件构建酸性红 18 分子的初始构型,如图 5-15 所示。然后使用 GAMESS 软件(版本 UK7.0),运用密度泛函理

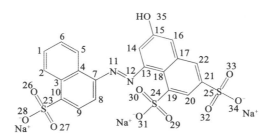

图 5-15　酸性红 18 的分子结构

论(DFT)方法 B3LYP/6-311G 中的几何全优化法计算酸性红 18 的分子结构,计算结果见表 5-2。

表 5-2　酸性红 18 的结构特征

键	键长/Å	键	键角/(°)
C(7)—N(11)	1.444	C(7)—N(11)—N(12)	115
N(11)—N(12)	1.377	N(11)—N(12)—C(13)	112
N(12)—C(13)	1.445		

　　通常认为在有机物的降解过程中,苯环比链状结构更稳定,因此这里只考虑链状结构。计算结果显示,C(7)—N(11)、N(11)—N(12) 和 N(12)—C(13)的键长分别为 1.444 Å、1.377 Å 和 1.445 Å。通常认为原子之间的键越长稳定性越低,当受到自由基攻击时将更容易断裂(许银,2012)。比较这些键长可知,N(12)—C(13)的键最长,表明 N(12)—C(13)键比其他键更容易断裂。

　　为了进一步了解酸性红 18 降解的途径,我们运用 GC-MS 方法对 2.3%PHF/Fh 光助芬顿催化体系中酸性红 18 的降解中间产物进行了分析,结果见表 5-3。

　　通过高斯计算和 GC-MS 的结果推导了酸性红 18 可能的降解途径,如图 5-16 所示。

　　首先,酸性红 18 被吸附于催化剂的表面,然后在体系中活性自由基

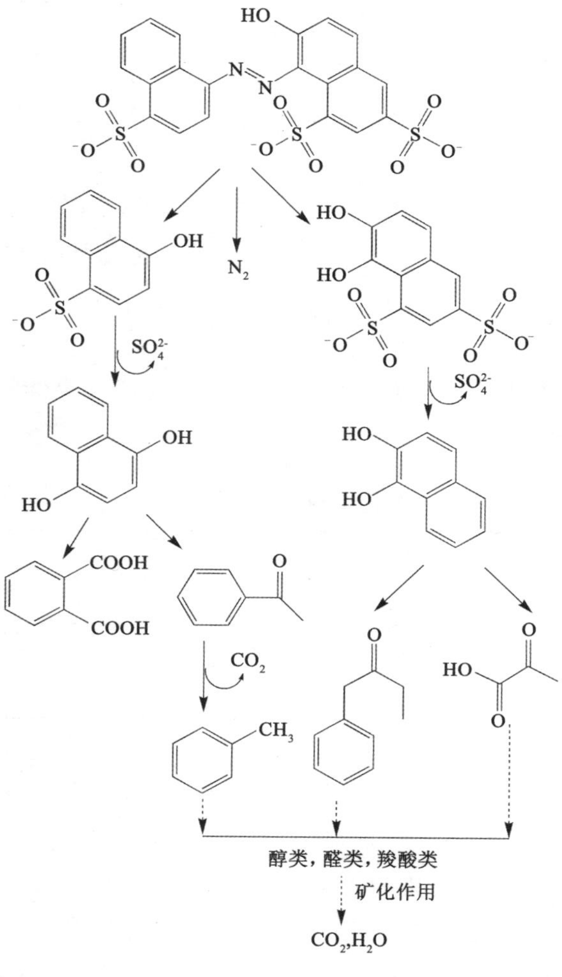

图 5-16　2.3％PHF/Fh 光助芬顿催化体系中酸性红 18 的降解过程

　　的攻击下 C—N 键(—C—N ═N—)先断裂,其中的氮元素以氮气或者氨的形式释放;随着进一步的氧化,生成了取代基苯等中间产物,如乙酰苯、邻苯二甲酸、甲苯、1-苯基-2-丁酮等;这些取代基苯中间产物随氧化的进一步进行,其芳香环被打开,生成了乙醇、乙酰、羧酸类(如 2-氧基戊二酸和 1,4-戊二烯-3-醇等)小分子产物;最后这些小分子产物在自由基的进一步氧化下,彻底矿化成 CO_2 和 H_2O。

表 5-3　通过 GC-MS 检测的酸性红 18 降解中间产物

序号	保留时间 /s	GC-MS 鉴定的物质	分子式	名称	相对分子量	主要离子峰
1	7.058		C_8H_8O	乙酰苯	120	43,51,77,105,120
2	7.250		$C_4H_6O_3$	2-氧基戊二酸	102	27,29,45,57
3	13.812		$C_8H_6O_4$	邻苯二甲酸	166	50,74,76,104,148
4	14.370		C_5H_8O	1,4-戊二烯-3-醇	84	29,39,55,57,83
5	21.824		C_7H_8	甲苯	92	39,63,65,91,92
6	27.626		$C_{10}H_{12}O$	1-苯基-2-丁酮	148	29,39,57,65,91,148

第四节　结　　论

本章采用同时滴定 $Fe(NO_3)_3$ 溶液和 $NaOH$ 溶液的方法制备了 PHF/Fh 复合材料,详细探讨了 PHF 对异相芬顿催化剂光催化降解酸性红 18 的性能影响以及相关的催化机理。这部分工作得到的主要结论如下:

（1）PHF 的存在对 Fh 的结构没有影响，PHF/Fh 复合材料中 PHF 含量为 2.3 wt％时具有最高的催化活性，对酸性红 18 的脱色率可达到 99％，TOC 去除率为 85％。重复使用 4 次后，2.3％PHF/Fh 对酸性红 18 的脱色率和 TOC 去除率仍可分别达到 99％和 85％。另外，当 PHF 含量低于 4.7 wt％时，可以提高 Fh 在模拟太阳光和光助芬顿体系中的稳定性。

（2）PHF 的存在能促进异相光助芬顿体系中·OH 和 $^1O_2$ 的形成，反应 60 min 后，体系的中·OH 浓度为 4.0 mmol/L，稳态 $^1O_2$ 浓度为 8.3×10^{-10} mmol/L。体系中·OH 和 $^1O_2$ 产量提高的机制主要有两个：一是激发态的 PHF 回到基态时，释放出的能量可将体系中的溶解氧敏化为 $^1O_2$；二是激发态的 PHF 可传递电子给 Fh 表面的 Fe^{3+}，促进 Fe^{3+} 还原成 Fe^{2+}，进而可以加快芬顿反应，促进·OH 的形成。

（3）酸性红 18 降解的途径：首先，酸性红 18 被吸附于催化剂的表面，然后在体系中活性自由基的攻击下 C—N 键（—C—N═N—）先断裂，氮元素以氮气或者氨的形式释放；随着进一步的氧化，生成了取代基苯等中间产物，如乙酰苯、邻苯二甲酸、甲苯、1-苯基-2-丁酮等；这些取代基苯中间产物随氧化的进一步进行，其芳香环被打开，生成了乙醇、乙酰、羧酸类（如 2-氧基戊二酸和 1,4-戊二烯-3-醇等）小分子产物；最后这些小分子产物在自由基的进一步氧化下，彻底矿化成 CO_2 和 H_2O。

第六章　结论与展望

第一节　结论及创新

　　本书围绕半导体光催化/芬顿耦合技术这一类新型催化技术,从改性天然纳米矿物材料入手,通过对改进半导体和纳米矿物材料的类型以及制备条件,研制了 $Ag_3PO_4/Fe-Al/Mt$、$BiVO_4/Fe/Mt$、$BiVO_4/Fh$ 和 PHF/Fh 四种新型半导体/芬顿复合材料,以期提高半导体和异相光助芬顿试剂的催化活性与稳定性。通过各种表征手段探究复合材料的结构、形貌、光吸收以及光生电子与空穴分离等性质;利用酸性红 18 作为目标污染物评价各半导体/芬顿复合材料的光催化性能;揭示半导体/芬顿复合材料的微观结构和光催化性能之间的关系,并从半导体光催化与异相光助芬顿原理出发,提出半导体光催化/芬顿耦合技术的催化机理。

　　本书的主要结论如下:

　　(1)以蒙脱石为原料,通过阳离子交换法先制备了羟基金属离子(羟基铝和羟基铁铝)柱撑蒙脱石,并将其用作吸附剂,通过先吸附磷后吸附银得到了 Ag_3PO_4/羟基金属柱撑蒙脱石复合材料($Ag_3PO_4/Al/Mt$ 和 $Ag_3PO_4/Fe-Al/Mt$),详细探讨了 Fe-Al/Mt 对半导体材料光催化降解酸性红 18 的性能影响以及相关的催化机理。

　　① 与纯 Ag_3PO_4 相比,$Ag_3PO_4/Fe-Al/Mt$ 和 $Ag_3PO_4/Al/Mt$ 具有更大的比表面积,且复合材料中的 Ag_3PO_4 颗粒尺寸更小、分散性更高,可为催化反应提供更多的活性位。

② Ag_3PO_4/Fe-Al/Mt 复合材料中 Fe/(Fe＋Al)比为 0.2 时,具有最高的催化活性,酸性红 18 的脱色率可达到 99％,同时 Ag_3PO_4/Fe-Al/Mt 具有最优的结构稳定性。重复使用 7 次后,Ag_3PO_4/Fe-Al/Mt 催化降解酸性红 18 的效率仍高达 98％。这主要归因于 Ag_3PO_4/Fe-Al/Mt 中的 Fe^{3+} 可作为 Ag_3PO_4 的电子受体来抑制光生电子-空穴对复合,在提高 Ag_3PO_4 催化活性的同时也强化了其稳定性。

③ 在纯 Ag_3PO_4、Ag_3PO_4/Fe-Al/Mt 和 Ag_3PO_4/Al/Mt 催化体系中,均以 $O_2^{\cdot-}$ 为主导自由基,其次是 $^1O_2$,再者是 •OH,且以 Ag_3PO_4/Fe-Al/Mt 为催化剂的体系所产生的 $O_2^{\cdot-}$ 量最高。

④ Ag_3PO_4/Fe-Al/Mt 的催化机理:首先 Ag_3PO_4 受光辐射,其价带上的电子被激发,并越过禁带到达导带,从而在价带和导带上分别形成光生空穴和光生电子,材料中的 Fe^{3+} 可以接收光生电子,促进电子和空穴分离,而 O_2 接收电子可生产 $O_2^{\cdot-}$,$O_2^{\cdot-}$ 又可反应生成 $^1O_2$,空穴本身可与水反应产出 •OH,各种自由基一起进攻酸性红 18,可使其分解为小分子中间产物、CO_2、H_2O 等。

⑤ P 型半导体 Ag_3PO_4 与异相芬顿试剂 Fe-Al/Mt 不存在协同催化效应,主要归因于 H_2O_2 会捕获 Ag_3PO_4 生成的空穴,从而造成 Ag_3PO_4 的催化效果下降,同时 H_2O_2 也会被空穴消耗,导致芬顿催化效率降低。

（2）使用蒙脱石为原料,通过阳离子交换法先制备了 Fe/Mt,并将其用作载体得到了 $BiVO_4$/Fe/Mt 复合材料,详细探讨了半导体材料对异相芬顿催化剂光催化降解酸性红 18 的性能影响以及相关的催化机理。

① $BiVO_4$ 不仅负载于蒙脱石表面,还成功插入了蒙脱石层间;Fe/Mt 对 $BiVO_4$ 的尺寸有裁剪的效果,且复合材料具有更大的比表面积,能有效地抑制 $BiVO_4$ 颗粒团聚。

② $BiVO_4$/Fe/Mt 复合材料中,$BiVO_4$ 含量为 8％时具有最高的催化活性,对酸性红 18 的脱色率可达到 99％,•OH 含量可高达 1 062.2 $\mu mol/L$;同时 $BiVO_4$/Fe/Mt 具有最优的结构稳定性。重复使用 4 次后,$BiVO_4$/Fe/Mt 催化降解酸性红 18 的效果仍高达 98％,体系 Fe 离子浸出率低于 0.4 mg/L。

③ $BiVO_4/Fe/Mt$ 的催化机理：首先 $BiVO_4$ 受光辐射，其价带上的电子被激发，并越过禁带到达导带，从而在价带和导带上分别形成光生空穴和光生电子，材料中的 Fe^{3+} 可以接收光生电子，促进电子与空穴分离，同时也加快了 Fe^{3+} 向 Fe^{2+} 的转换，从而加快了 $\cdot OH$ 的产生速率，进而增强了降解酸性红 18 的效果。

（3）利用单斜型 $BiVO_4$ 改性 Fh，制备了新型可见光催化剂 $BiVO_4$/Fh 复合材料，详细探讨了其在中性环境下的催化性能以及相关的催化机制。

① $BiVO_4$ 的存在可促进 H_2O_2 分解，$BiVO_4$/Fh 复合物表面高的 Fe^{2+} 浓度证实 H_2O_2 消耗的增强主要归功于 $BiVO_4$ 将光生电子传递给 Fh 表面的 Fe^{3+} 促进 Fe^{2+} 的生成，从而间接加快了芬顿反应速率造成 H_2O_2 分解效果提高，而非 $BiVO_4$ 自身降解 H_2O_2。

② $BiVO_4$ 的存在能促进 $\cdot OH$ 的形成，但会抑制 $O_2^{\cdot -}$ 的形成，这主要归因于复合材料中的半导体材料 $BiVO_4$ 可将受光激发时所产生的光生电子传递给 Fh 中的 Fe^{3+}，从而加速了 Fe^{3+} 向 Fe^{2+} 的转换，抑制了 Fe^{3+} 与 H_2O_2 的反应。

③ $BiVO_4$/Fh 复合材料中 $BiVO_4$ 含量为 3% 时具有最高的催化活性。中性条件下，3% $BiVO_4$/Fh 复合材料体系中酸性红 18 的脱色率可达到 95.6%；适量的 $BiVO_4$ 可以提高 Fh 在可见光辐射下芬顿体系的稳定性。重复使用 4 次后，对酸性红 18 的脱色率仍可达到 90.1%。偏酸性和偏碱性条件下，3% $BiVO_4$/Fh 复合材料催化体系中酸性红 18 的降解率均高于 Fh 催化体系，证实了半导体材料的引入既可以增强异相光助芬顿催化剂在酸性条件下的催化活性，又可以增强其在中性条件下的催化活性。

（4）通过同时滴定法先制备了 PHF/Fh 复合材料，详细探讨了 PHF 对异相芬顿催化剂光催化降解酸性红 18 的性能影响以及相关的催化机理。

① PHF 的引入对 Fh 的结构没有影响，适量的 PHF 含量可以提高 Fh 在模拟太阳光和光助芬顿体系中的稳定性；PHF/Fh 复合材料中

PHF 含量为 4.7% 时具有最高的催化活性和稳定性。重复使用 4 次后，对酸性红 18 的脱色率和 TOC 去除率仍可分别达到 99% 和 85%。

② PHF 的存在能促进异相光助芬顿体系中 •OH 和 $^1O_2$ 的形成，反应 60 min 后，体系中的 •OH 浓度为 4.0 mmol/L，稳态 $^1O_2$ 浓度为 8.3×10^{-10} mmol/L。•OH 和 $^1O_2$ 产量提高的机制主要有两个：一是激发态的 PHF 回到基态时，释放出的能量可将体系中的溶解氧敏化为 $^1O_2$；二是激发态的 PHF 可传递电子给 Fh 表面的 Fe^{3+}，促进 Fe^{3+} 还原成 Fe^{2+}，进而可以加快芬顿反应，促进 •OH 的形成。

③ 酸性红 18 降解的途径：首先，酸性红 18 被吸附于催化剂的表面，然后在体系中活性自由基的攻击下 C—N 键（—C—N=N—）先断裂，氮元素以氮气或者氨的形式释放；随着进一步的氧化，生成了取代苯等中间产物，如乙酰苯、邻苯二甲酸、甲苯、1-苯基-2-丁酮等；这些中间产物随氧化的进一步进行，其取代苯的芳香环被打开，生成了乙醇、乙酰、羧酸类（如 2-氧基戊二酸和 1,4-戊二烯-3-醇等）小分子产物；最后这些小分子产物在自由基的进一步氧化下，彻底矿化成 CO_2 和 H_2O。

本书工作的特色与创新之处：

（1）利用半导体催化体系需要电子受体促进光生电子与空穴分离，利用异相光助芬顿体系需要电子供体促进 Fe^{3+} 还原成 Fe^{2+}，本研究选取了合适的半导体材料与异相光助芬顿试剂成功制备了高效、稳定性好的半导体/芬顿复合材料。

（2）本研究利用蒙脱石层间阳离子的可交换性能先将 Bi^{3+} 插入蒙脱石层间，然后再引入 VO_4^{3+}，使其与层间的 Bi^{3+} 发生反应原位形成 $BiVO_4$ 纳米粒子，制备成容易与水分离的高催化活性的 $BiVO_4/Fe/Mt$ 可见光光催化/芬顿材料。

（3）首次从 H_2O_2 分解、Fe^{2+} 再生和 ROS 生成的角度全方位地探讨了半导体/芬顿复合材料在可见光中性环境下的催化机理，为环境友好型、可见光响应以及可应用于中性环境下的异相光助芬顿催化剂的合成提供了新思路。

（4）首次研究了 PHF 在光助芬顿体系中的电子调控能力，为碳纳米材料与天然纳米铁矿对有机物污染物在地球环境中迁移及归趋的影响提供新思路。

第二节　研究不足之处及后续工作展望

（1）本研究中我们讨论了新型半导体/异相光助芬顿复合材料对染料废水的催化活性与相关的催化机理。受时间和实验条件的限制,仅以阴离子染料酸性红 18 作为污染物模型探讨了其催化降解路径,其他有机污染物如苯酚类中性有机污染物、罗丹明 B 等阳离子有机污染物的催化性能尚未开展。

（2）本研究阐明了以蒙脱石为载体的复合材料的构建和相关的半导体/芬顿催化性能研究与机理的探讨,发现蒙脱石起载体、分散材料的作用。后续工作中,我们将进一步探讨蒙脱石自身是否有参与半导体/芬顿反应,分析蒙脱石结构特征对半导体材料的结构稳定性和催化性能的影响。

参 考 文 献

[1] 包建兴.银/铋系半导体纳米复合材料的制备及其光催化性能研究[D].昆明:昆明理工大学,2016.

[2] 陈静生,洪松,王立新,等.中国东部河流颗粒物的地球化学性质[J].地理学报,2000,55(4):417-427.

[3] 李婧,柴涛.电化学氧化法处理工业废水综述[J].广州化工,2012,40(15):46-47.

[4] 李宇庆,马楫,钱国恩.制药废水处理技术进展[J].工业水处理,2009,29(12):5-7.

[5] 鲁安怀.矿物环境属性与无机界天然自净化功能[J].矿物岩石地球化学通报,2002,21(3):192-197.

[6] 鲁安怀,李艳,丁竑瑞,等.天然矿物光电效应:矿物非经典光合作用[J].地学前缘,2020,27,21(5):179-194.

[7] 任桂平,鲁安怀,李艳,等.地表"矿物膜"半导体矿物光电子调控微生物群落结构演化特性研究[J].地学前缘,2020,27(5):195-206.

[8] 王建强,辛柏福,于海涛,等.Fe^{3+}-TiO_2/SiO_2光催化降解罗丹明 B 的研究[J].高等学校化学学报,2003,24(6):1093-1096.

[9] 王小明,杨凯光,孙世发,等.水铁矿的结构、组成及环境地球化学行为[J].地学前缘,2011,18(2):339-347.

[10] 王晓囡,滕厚开,谢陈鑫,等.光电催化氧化法降解杀菌剂废水的研究[J].工业水处理,2011,31(5):62-66.

[11] 王铖博.蒙脱石多孔异质结构与表面性质调控及其对气态有机分子吸附的影响[D].广州:中国科学院研究生院(广州地球化学研究

所),2016.

[12] 魏忠杰.《京都协议书》前景堪忧[J].生态经济,2003,19(11):26-27.

[13] 吴晓琼,俞斌.太阳光作用下 Fenton/草酸根体系对蒽醌染料降解的试验研究[J].江苏环境科技,2004,17(2):7-8.

[14] 许银.Mo-Zn-Al-O 催化剂研制和和湿式氧化处理染料废水[D].北京:北京林业大学,2012.

[15] 姚恩亲,江棍,马家举.新型抗菌剂:纳米 TiO_2 的研究与应用[J].化学与生物工程,2003,20(6):50-51.

[16] 郑国东.铁化学种在环境与地球化学中的应用研究[C]//《矿物岩石地球化学通报》编委会.中国矿物岩石地球化学学会第 12 届学术年会论文集,2009.

[17] 周丽,邓慧萍,张为.可见光响应的银系光催化材料[J].化学进展,2015,27(4):349-360.

[18] ABIDI M,ASSADI A A,BOUZAZA A,et al. Photocatalytic indoor/outdoor air treatment and bacterial inactivation on Cu_xO/TiO_2 prepared by HiPIMS on polyester cloth under low intensity visible light[J]. Applied catalysis B:environmental,2019,259:118074.

[19] ABOU SAOUD W,ASSADI A A,GUIZA M,et al. Abatement of ammonia and butyraldehyde under non-thermal plasma and photo-catalysis:oxidation processes for the removal of mixture pollutants at pilot scale[J]. Chemical engineering journal,2018,344:165-172.

[20] AKERDI A G,BAHRAMI S H. Application of heterogeneous nano-semiconductors for photocatalytic advanced oxidation of organic compounds:a review[J]. Journal of environmental chemical engineering,2019,7(5):103283.

[21] ALMEIDA L R,SOUZA J S N,SILVA FILHO E C,et al. Attapulgite performance in the degradation of the yellow bright dye[J]. Materials science forum,2016,869:761-764.

[22] ANEGGI E,CABBAI V,TROVARELLI A,et al. Potential of ceria-

based catalysts for the oxidation of landfill leachate by heterogeneous Fenton process[J]. International journal of photoenergy,2012, 2012:1-8.

[23] AYODELE O B,LIM J K,HAMEED B H. Degradation of phenol in photo-Fenton process by phosphoric acid modified Kaolin supported ferric-oxalate catalyst:optimization and kinetic modeling[J]. Chemical engineering journal,2012a,197:181-192.

[24] AYODELE O B,LIM J K,HAMEED B H. Pillared montmorillonite supported ferric oxalate as heterogeneous photo-Fenton catalyst for degradation of amoxicillin[J]. Applied catalysis A:general,2012b, 413-414:301-309.

[25] AYODHYA D, VEERABHADRAM G. A review on recent advances in photodegradation of dyes using doped and heterojunction based semiconductor metal sulfide nanostructures for environmental protection[J]. Materials today energy,2018,9:83-113.

[26] BABUPONNUSAMI A,MUTHUKUMAR K. Advanced oxidation of phenol:a comparison between Fenton,electro-Fenton,sono-electro-Fenton and photo-electro-Fenton processes[J]. Chemical engineering journal,2012,183:1-9.

[27] BAI W,KRISHNA V,WANG J,et al. Enhancement of nano titanium dioxide photocatalysis in transparent coatings by polyhydroxy fullerene[J]. Applied catalysis B:environmental,2012,125:128-135.

[28] BALOYI J,NTHO T,MOMA J. Synthesis and application of pillared clay heterogeneous catalysts for wastewater treatment: a review[J]. RSC advances,2018,8(10):5197-5211.

[29] BANIĆ N,ABRAMOVIĆ B,KRSTIĆ J, et al. Photodegradation of thiacloprid using Fe/TiO_2 as a heterogeneous photo-Fenton catalyst[J]. Applied catalysis B: environmental, 2011, 107(3-4): 363-371.

[30] BANSAL P,VERMA A,TALWAR S. Detoxification of real pharmaceutical wastewater by integrating photocatalysis and photo-Fenton in fixed-mode[J]. Chemical engineering journal,2018,349: 838-848.

[31] BARRECA S,COLMENARES J J V,PACE A,et al. Neutral solar photo-Fenton degradation of 4-nitrophenol on iron-enriched hybrid montmorillonite-alginate beads(Fe-MABs)[J]. Journal of photochemistry and photobiology A:chemistry,2014,282:33-40.

[32] BARREIRO J C,CAPELATO M D,MARTIN-NETO L,et al. Oxidative decomposition of atrazine by a Fenton-like reaction in a H_2O_2/ferrihydrite system[J]. Water research,2007,41(1):55-62.

[33] BEHURA S K,WANG C,WEN Y,et al. Graphene-semiconductor heterojunction sheds light on emerging photovoltaics[J]. Nature photonics,2019,13(5):312-318.

[34] BERGAYA F,THENG BKG,LAGALY G. Handbook of clay science[M]. Amsterdam:Elsevier Science Publishing,2006,

[35] BI Y P,HU H Y,OUYANG S X,et al. Selective growth of metallic Ag nanocrystals on Ag_3PO_4 submicro-cubes for photocatalytic applications[J]. Chemistry,2012,18(45):14272-14275.

[36] BIBI I,NAZAR N,ATA S,et al. Green synthesis of iron oxide nanoparticles using pomegranate seeds extract and photocatalytic activity evaluation for the degradation of textile dye[J]. Journal of materials research and technology,2019,8(6):6115-6124.

[37] BOKARE A D,CHIKATE R C,CHIKATE R C,et al. Effect of surface chemistry of Fe-Ni nanoparticles on mechanistic pathways of azo dye degradation[J]. Environmental science and technology, 2007,41(21):7437-7443.

[38] BOKARE A D,CHOI W. Review of iron-free Fenton-like systems for activating H_2O_2 in advanced oxidation processes[J]. Journal of

hazardous materials,2014,275:121-135.

[39] CABRERA-REINA A,MIRALLES-CUEVAS S,RIVAS G,et al. Comparison of different detoxification pilot plants for the treatment of industrial wastewater by solar photo-Fenton: are raceway pond reactors a feasible option? [J]. Science of the total environment,2019, 648:601-608.

[40] CAI C,ZHANG Z Y,LIU J,et al. Visible light-assisted heterogeneous Fenton with $ZnFe_2O_4$ for the degradation of Orange II in water [J]. Applied catalysis B:environmental,2016,182:456-468.

[41] CAI Q Q,WU M Y,LI R,et al. Potential of combined advanced oxidation-biological process for cost-effective organic matters removal in reverse osmosis concentrate produced from industrial wastewater reclamation: screening of AOP pre-treatment technologies [J]. Chemical engineering journal,2020,389:123419.

[42] CAI T,WANG L L,LIU Y T,et al. Ag_3PO_4/Ti_3C_2 MXene interface materials as a Schottky catalyst with enhanced photocatalytic activities and anti-photocorrosion performance[J]. Applied catalysis B: environmental,2018,239:545-554.

[43] CAREY J H,LAWRENCE J,TOSINE H M. Photodechlorination of PCB's in the presence of titanium dioxide in aqueous suspensions [J]. Bulletin of environmental contamination and toxicology,1976, 16(6):697-701.

[44] CARRENHO L Z B,MOREIRA C G,VANDRESEN C C,et al. Investigation of anti-inflammatory and anti-proliferative activities promoted by photoactivated cationic porphyrin[J]. Photodiagnosis and photodynamic therapy,2015,12(3):444-458.

[45] CHAI F F,LI K Y,SONG C S,et al. Synthesis of magnetic porous $Fe_3O_4/C/Cu_2O$ composite as an excellent photo-Fenton catalyst under neutral condition[J]. Journal of colloid and interface science,

2016,475:119-125.

[46] CHAMARRO E,MARCO A,ESPLUGAS S. Use of Fenton reagent to improve organic chemical biodegradability[J]. Water research, 2001,35(4):1047-1051.

[47] CHAN S H S,YEONG WU T,JUAN J C,et al. Recent developments of metal oxide semiconductors as photocatalysts in advanced oxidation processes(AOPs) for treatment of dye waste-water[J]. Journal of chemical technology and biotechnology,2011,86(9): 1130-1158.

[48] CHANGOTRA R,RAJPUT H,DHIR A. Treatment of real pharmaceutical wastewater using combined approach of Fenton applications and aerobic biological treatment[J]. Journal of photochemistry and photobiology A:chemistry,2019,376:175-184.

[49] CHAUHAN M,SAINI V K,SUTHAR S. Ti-pillared montmorillonite clay for adsorptive removal of amoxicillin, imipramine, diclofenac-sodium,and paracetamol from water[J]. Journal of hazardous materials,2020,399:122832.

[50] CHEN C C,WANG Q,LEI P X,et al. Photodegradation of dye pollutants catalyzed by porous $K_3 PW_{12} O_{40}$ under visible irradiation[J]. Environmental science and technology,2006,40(12):3965-3970.

[51] CHEN C R,ZENG H Y,YI M Y,et al. In-situ growth of $Ag_3 PO_4$ on calcined Zn-Al layered double hydroxides for enhanced photocatalytic degradation of tetracycline under simulated solar light irradiation and toxicity assessment[J]. Applied catalysis B:environmental,2019,252:47-54.

[52] CHEN D M,ZHU Q,ZHOU F S,et al. Synthesis and photocatalytic performances of the TiO_2 pillared montmorillonite[J]. Journal of hazardous materials,2012a,235-236:186-193.

[53] CHEN J X,ZHU L Z. Comparative study of catalytic activity of dif-

ferent Fe-pillared bentonites in the presence of UV light and H_2O_2 [J]. Separation and purification technology,2009a,67(3):282-288.

[54] CHEN J X,ZHU L Z. Oxalate enhanced mechanism of hydroxyl-Fe-pillared bentonite during the degradation of Orange Ⅱ by UV-Fenton process[J]. Journal of hazardous materials,2011,185(2-3): 1477-1481.

[55] CHEN L C,TU Y J,WANG Y S,et al. Characterization and photo-reactivity of N-,S-,and C-doped ZnO under UV and visible light illumination[J]. Journal of photochemistry and photobiology A: chemistry,2008,199(2-3):170-178.

[56] CHEN M,JIN L S. Application of nano-TiO_2 photocatalysis technology in purification exhaust[J]. Advanced materials research, 2012b,575:64-69.

[57] CHEN Q Q,WU P X,LI Y Y,et al. Heterogeneous photo-Fenton photodegradation of reactive brilliant orange X-GN over iron-pillared montmorillonite under visible irradiation[J]. Journal of hazardous materials,2009b,168(2-3):901-908.

[58] CHEN X J,DAI Y Z,WANG X Y. Methods and mechanism for improvement of photocatalytic activity and stability of Ag_3PO_4:a review[J]. Journal of alloys and compounds,2015,649:910-932.

[59] CHENG L J,HU X M,HAO L. Ultrasonic-assisted in situ fabrication of BiOBr modified $Bi_2O_2CO_3$ microstructure with enhanced photocatalytic performance[J]. Ultrasonics sonochemistry,2018, 44:137-145.

[60] CHENG M M,SONG W J,MA W H,et al. Catalytic activity of iron species in layered clays for photodegradation of organic dyes under visible irradiation[J]. Applied catalysis B:environmental,2008,77 (3-4):355-363.

[61] CHENG R,WEN J Y,XIA J C,et al. Visible-light photocatalytic

activity and photo-corrosion mechanism of Ag_3PO_4/g-C_3N_4/PVA composite film in degrading gaseous toluene[J]. Catalysis today, 2019,335:565-573.

[62] CHUANG Y H,SZCZUKA A,SHABANI F,et al. Pilot-scale comparison of microfiltration/reverse osmosis and ozone/biological activated carbon with UV/hydrogen peroxide or UV/free chlorine AOP treatment for controlling disinfection byproducts during wastewater reuse[J]. Water research,2019,152:215-225.

[63] CISMASU A C,MICHEL F M,STEBBINS J F,et al. Properties of impurity-bearing ferrihydrite I. Effects of Al content and precipitation rate on the structure of 2-line ferrihydrite[J]. Geochimica et cosmochimica acta,2012,92:275-291.

[64] CORNIL J,BELJONNE D,CALBERT J P,et al. Interchain interactions in organic π-conjugated materials:impact on electronic structure,optical response,and charge transport[J]. Advanced materials,2001,13(14):1053-1067.

[65] CUI X L,LI Y G,ZHANG Q H,et al. Silver orthophosphate immobilized on flaky layered double hydroxides as the visible-light-driven photocatalysts[J]. International journal of photoenergy,2012(1):1-6.

[66] DA COSTA FILHO B M,SILVA G V,BOAVENTURA R A R,et al. Ozonation and ozone-enhanced photocatalysis for VOC removal from air streams:process optimization, synergy and mechanism assessment[J]. Science of the total environment,2019,687:1357-1368.

[67] DAI H W,XU S Y,CHEN J X,et al. Oxalate enhanced degradation of Orange II in heterogeneous UV-Fenton system catalyzed by $Fe_3O_4@\gamma$-Fe_2O_3 composite[J]. Chemosphere,2018,199:147-153.

[68] DAS S,HENDRY M J,ESSILFIE-DUGHAN J. Effects of adsorbed arsenate on the rate of transformation of 2-line ferrihydrite at pH 10[J]. Environmental science and technology,2011,45(13):5557-5563.

[69] DEMEESTERE K,DEWULF J,VAN LANGENHOVE H. Hetero-geneous photocatalysis as an advanced oxidation process for the abatement of chlorinated,monocyclic aromatic and sulfurous vola-tile organic compounds in air:state of the art[J]. Critical reviews in environmental science and technology,2007,37(6):489-538.

[70] DENG X,ZHANG Q,ZHAO Q,et al. Effects of architectures and H_2O_2 additions on the photocatalytic performance of hierarchical Cu_2O nanostructures[J]. Nanoscale research letters,2015,10:8.

[71] DI BARTOLOMEO A. Graphene Schottky diodes:an experimental review of the rectifying graphene/semiconductor heterojunction [J]. Physics reports,2016,606:1-58.

[72] DIAS F F,OLIVEIRA A A S,ARCANJO A P,et al. Residue-based iron catalyst for the degradation of textile dye via heterogeneous photo-Fenton[J]. Applied catalysis B:environmental, 2016, 186: 136-142.

[73] DJOUADI L,KHALAF H,BOUKHATEM H,et al. Degradation of aqueous ketoprofen by heterogeneous photocatalysis using $Bi_2S_3/$ TiO_2-Montmorillonite nanocomposites under simulated solar irradi-ation[J]. Applied clay science,2018,166:27-37.

[74] DOBSON K D,MCQUILLAN A J. In situ infrared spectroscopic analysis of the adsorption of aromatic carboxylic acids to TiO_2, ZrO_2,Al_2O_3,and Ta_2O_5 from aqueous solutions[J]. Spectrochimica acta part A:molecular and biomolecular spectroscopy,2000,56(3): 557-565.

[75] EINMOZAFFARI F, MOHAJERANI M, MEHRVAR M. An overview of the integration of advanced oxidation technologies and other processes for water and wastewater treatment[J]. Environ-ment and behavior,2009,41(1):125-146.

[76] EKANAYAKA T K,KURZ H,DALE A S,et al. Probing the un-

paired Fe spins across the spin crossover of a coordination polymer [J]. Materials advances,2021,2(2):760-768.

[77] EL HAJJOUJI H,BARJE F,PINELLI E,et al. Photochemical UV/ TiO_2 treatment of olive mill wastewater(OMW)[J]. Bioresource technology,2008,99(15):7264-7269.

[78] ELEMIKE E E,ONWUDIWE D C,LEI W,et al. Noble metal-semiconductor nanocomposites for optical, energy and electronics applications [J]. Solar energy materials and solar cells,2019,201:110106.

[79] ERSHADI AFSHAR L,CHAIBAKHSH N, MORADI-SHOEILI Z. Treatment of wastewater containing cytotoxic drugs by $CoFe_2O_4$ nanoparticles in Fenton/ozone oxidation process[J]. Separation science and technology,2018,53(16):2671-2682.

[80] ETACHERI V,DI VALENTIN C,SCHNEIDER J,et al. Visible-light activation of TiO_2 photocatalysts:advances in theory and experiments[J]. Journal of photochemistry and photobiology C:photochemistry reviews,2015,25:1-29.

[81] FEI X N,LI W Q,CAO L Y,et al. Degradation of bromamine acid by a heterogeneous Fenton-like catalyst Fe/Mn supported on sepiolite[J]. Desalination and water treatment,2013,51(22-24):4750-4757.

[82] FENG J,HU X,YUE P L. Novel bentonite clay-based Fe-nanocomposite as a heterogeneous catalyst for photo-Fenton discoloration and mineralization of Orange Ⅱ [J]. Environmental science and technology,2004,38(1):269-275.

[83] FENG X Q,LUO M Q,HUANG W,et al. The degradation of BPA on enhanced heterogeneous photo-Fenton system using EDDS and different nanosized hematite[J]. Environmental science and pollution research,2020,27(18):23062-23072.

[84] FERNÁNDEZ-IBÁÑEZ P,POLO-LÓPEZ M I,MALATO S,et al. Solar photocatalytic disinfection of water using titanium dioxide

graphene composites[J]. Chemical engineering journal, 2015, 261: 36-44.

[85] FU H Y, YANG Y X, ZHU R L, et al. Superior adsorption of phosphate by ferrihydrite-coated and lanthanum-decorated magnetite [J]. Journal of colloid and interface science, 2018, 530: 704-713.

[86] FUJISHIMA A, HONDA K. Electrochemical photolysis of water at a semiconductor electrode[J]. Nature, 1972, 238(5358): 37-38.

[87] GALIŃSKA A, WALENDZIEWSKI J. Photocatalytic water splitting over Pt-TiO$_2$ in the presence of sacrificial reagents[J]. Energy and fuels, 2005, 19(3): 1143-1147.

[88] GAO W Q, TIAN J, FANG Y S, et al. Visible-light-driven photo-Fenton degradation of organic pollutants by a novel porphyrin-based porous organic polymer at neutral pH[J]. Chemosphere, 2020, 243: 125334.

[89] GAO Y W, WANG Y, ZHANG H. Removal of Rhodamine B with Fe-supported bentonite as heterogeneous photo-Fenton catalyst under visible irradiation[J]. Applied catalysis B: environmental, 2015, 178: 29-36.

[90] GAO Y Y, GAN H H, ZHANG G K, et al. Visible light assisted Fenton-like degradation of rhodamine B and 4-nitrophenol solutions with a stable poly-hydroxyl-iron/sepiolite catalyst[J]. Chemical engineering journal, 2013, 217: 221-230.

[91] GAUL C, HUTSCH S, SCHWARZE M, et al. Insight into doping efficiency of organic semiconductors from the analysis of the density of states in n-doped C$_{60}$ and ZnPc[J]. Nature materials, 2018, 17 (5): 439-444.

[92] GE L, MOOR K, ZHANG B, et al. Electron transfer mediation by aqueous C$_{60}$ aggregates in H$_2$O$_2$/UV advanced oxidation of indigo carmine[J]. Nanoscale, 2014, 6(22): 13579-13585.

[93] GE M,LIU L,CHEN W,et al. Sunlight-driven degradation of Rhodamine B by peanut-shaped porous $BiVO_4$ nanostructures in the H_2O_2-containing system[J]. CrystEngComm,2012,14(3):1038-1044.

[94] GENG X L,WANG L,ZHANG L,et al. H_2O_2 production and in situ sterilization over a $ZnO/g-C_3N_4$ heterojunction photocatalyst[J]. Chemical engineering journal,2021,420:129722.

[95] GIANNAKIS S,LIU S T,CARRATALÀ A,et al. Iron oxide-mediated semiconductor photocatalysis vs. heterogeneous photo-Fenton treatment of viruses in wastewater. Impact of the oxide particle size [J]. Journal of hazardous materials,2017,339:223-231.

[96] GIANNAKIS S,POLO LÓPEZ M I,SPUHLER D,et al. Solar disinfection is an augmentable,in situ-generated photo-Fenton reaction. Part 1:a review of the mechanisms and the fundamental aspects of the process[J]. Applied catalysis B:environmental,2016, 199:199-223.

[97] GIANNAKOUDAKIS D A,ŁOMOT D,COLMENARES J C. When sonochemistry meets heterogeneous photocatalysis:designing a sonophotoreactor towards sustainable selective oxidation[J]. Green chemistry,2020,22(15):4896-4905.

[98] GÖDE J N,HOEFLING SOUZA D,TREVISAN V,et al. Application of the Fenton and Fenton-like processes in the landfill leachate tertiary treatment[J]. Journal of environmental chemical engineering,2019,7(5):103352.

[99] GONCALVES B R,GUIMARÃES R O,BATISTA L L,et al. Reducing toxicity and antimicrobial activity of a pesticide mixture via photo-Fenton in different aqueous matrices using iron complexes [J]. Science of the total environment,2020,740:140152.

[100] GONG M F,XIAO S L,YU X,et al. Research progress of photocatalytic sterilization over semiconductors [J]. RSC advances,

2019,9(34):19278-19284.

[101] GONZÁLEZ-BAHAMÓN L F, MAZILLE F, BENÍTEZ L N, et al. Photo-Fenton degradation of resorcinol mediated by catalysts based on iron species supported on polymers[J]. Journal of photochemistry and photobiology A: chemistry, 2011, 217(1): 201-206.

[102] GUNJAKAR J L, KIM T W, KIM H N, et al. Mesoporous layer-by-layer ordered nanohybrids of layered double hydroxide and layered metal oxide: highly active visible light photocatalysts with improved chemical stability[J]. Journal of the American chemical society, 2011, 133(38): 14998-15007.

[103] GUO S, YANG W, YOU L M, et al. Simultaneous reduction of Cr(VI) and degradation of tetracycline hydrochloride by a novel iron-modified rectorite composite through heterogeneous photo-Fenton processes [J]. Chemical engineering journal, 2020, 393:124758.

[104] GUO X J, WANG K B, XU Y N. Tartaric acid enhanced $CuFe_2O_4$-catalyzed heterogeneous photo-Fenton-like degradation of methylene blue[J]. Materials science and engineering: B, 2019, 245: 75-84.

[105] GUO Z, ZHU S, YONG Y, et al. Synthesis of BSA-coated BiOI@Bi_2S_3 semiconductor heterojunction nanoparticles and their applications for radio/photodynamic/photothermal synergistic therapy of tumor[J]. Advanced materials, 2017, 29(44): 1704136.

[106] HAN C B, LI Y M, WANG W B, et al. Dual-functional Ag_3PO_4@palygorskite composite for efficient photodegradation of alkane by in situ forming Pickering emulsion photocatalytic system[J]. Science of the total environment, 2020a, 704:135356.

[107] HAN X, LIU S Y, HUO X T, et al. Facile and large-scale fabrication of (Mg, Ni)(Fe, Al)$_2O_4$ heterogeneous photo-Fenton-like catalyst from

saprolite laterite ore for effective removal of organic contaminants[J]. Journal of hazardous materials,2020b,392:122295.

[108] HAN Z B,DONG Y C,DONG S M. Copper-iron bimetal modified PAN fiber complexes as novel heterogeneous Fenton catalysts for degradation of organic dye under visible light irradiation[J]. Journal of hazardous materials,2011,189(1-2):241-248.

[109] HE Y P,LIN H B,GUO Z C,et al. Recent developments and advances in boron-doped diamond electrodes for electrochemical oxidation of organic pollutants[J]. Separation and purification technology,2019,212:802-821.

[110] HELLER M I,CROOT P L. Application of a superoxide (O^{2-}) thermal source (SOTS-1) for the determination and calibration of O^{2-} fluxes in seawater[J]. Analytica chimica acta,2010,667(1-2):1-13.

[111] HERMOSILLA D,CORTIJO M,HUANG C P. Optimizing the treatment of landfill leachate by conventional Fenton and photo-Fenton processes[J]. Science of the total environment,2009,407 (11):3473-3481.

[112] HERNEY-RAMIREZ J,VICENTE M A,MADEIRA L M. Heterogeneous photo-Fenton oxidation with pillared clay-based catalysts for wastewater treatment:a review[J]. Applied catalysis B:environmental,2010,98(1-2):10-26.

[113] HONG M,YU L Y,WANG Y D,et al. Heavy metal adsorption with zeolites:the role of hierarchical pore architecture[J]. Chemical engineering journal,2019,359:363-372.

[114] HU H,ZHANG H X,CHEN Y,et al. Enhanced photocatalysis degradation of organophosphorus flame retardant using MIL-101 (Fe)/persulfate:effect of irradiation wavelength and real water matrixes[J]. Chemical engineering journal,2019a,368:273-284.

[115] HU J S,ZHANG P F,AN W J,et al. In-situ Fe-doped g-C_3N_4

heterogeneous catalyst via photocatalysis-Fenton reaction with en-
riched photocatalytic performance for removal of complex wastewater
[J]. Applied catalysis B:environmental,2019b,245:130-142.

[116] HUANG H B. Removal of air pollutants by photocatalysis with o-
zone in a continuous-flow reactor[J]. Environmental engineering
science,2010,27(8):651-656.

[117] HUANG H H,LU M C,CHEN J N. Catalytic Decomposition of
Hydrogen Peroxide and 2-chlorophenol with iron oxides[J]. Water
research,2001,35(9):2291-2299.

[118] HUANG J,CAO J,TU N,et al. Effect of surfactants on the re-
moval of nitrobenzene by Fe-bearing montmorillonite/Fe(II)[J].
Journal of colloid and interface science,2019a,533:409-415.

[119] HUANG X P,CHEN Y,WALTER E,et al. Facet-specific photo-
catalytic degradation of organics by heterogeneous Fenton chemis-
try on hematite nanoparticles[J]. Environmental science and tech-
nology,2019b,53(17):10197-10207.

[120] HUANG Y F,GAO M L,DENG Y X,et al. Efficient oxidation and
adsorption of As(III) and As(V) in water using a Fenton-like rea-
gent,(ferrihydrite)-loaded biochar[J]. Science of the total envi-
ronment,2020,715:136957.

[121] HUANG Z F,PAN L,ZOU J J,et al. Nanostructured bismuth vana-
date-based materials for solar-energy-driven water oxidation:a review
on recent progress[J]. Nanoscale,2014a,6(23):14044-14063.

[122] HUANG Z J,WU P X,GONG B N,et al. Preservation of Fe complexes
into layered double hydroxides improves the efficiency and the chemical
stability of Fe complexes used as heterogeneous photo-Fenton catalysts
[J]. Applied surface science,2013,286:371-378.

[123] HUANG Z J,WU P X,LI H L,et al. Synthesis and catalytic prop-
erties of La or Ce doped hydroxy-FeAl intercalated montmorillon-

ite used as heterogeneous photo Fenton catalysts under sunlight irradiation[J]. RSC advances,2014b,4(13):6500.

[124] IKHLAQ A,BROWN D R,KASPRZYK-HORDERN B. Mechanisms of catalytic ozonation:an investigation into superoxide ion radical and hydrogen peroxide formation during catalytic ozonation on alumina and zeolites in water[J]. Applied catalysis B:environmental,2013,129:437-449.

[125] ILGEN A G,KUKKADAPU R K,LEUNG K,et al. "Switching on" iron in clay minerals[J]. Environmental science:nano,2019,6 (6):1704-1715.

[126] INGLEZAKIS V J,POULOPOULOS S G. Adsorption,ion exchange,and catalysis[M]//Adsorption,Ion Exchange and Catalysis. Amsterdam:Elsevier,2006:31-56.

[127] ISMADJI S,SOETAREDJO F E,AYUCITRA A. Natural clay minerals as environmental cleaning agents[M]. Berlin:Springer International Publishing,2015.

[128] JANG E,JUN S,CHUNG Y,et al. Surface treatment to enhance the quantum efficiency of semiconductor nanocrystals[J]. The journal of physical chemistry B,2004,108(15):4597-4600.

[129] JIANG J J,WANG X Y,LIU Y,et al. Photo-Fenton degradation of emerging pollutants over Fe-POM nanoparticle/porous and ultra-thin g-C_3N_4 nanosheet with rich nitrogen defect:degradation mechanism,pathways,and products toxicity assessment[J]. Applied catalysis B:environmental,2020,278:119349.

[130] JIANG Z Y,WANG L Z,LEI J Y,et al. Photo-Fenton degradation of phenol by CdS/rGO/Fe^{2+} at natural pH with in situ-generated H_2O_2[J]. Applied catalysis B:environmental,2019,241:367-374.

[131] JU Y M,YU Y J,WANG X Y,et al. Environmental application of millimetre-scale sponge iron (s-Fe^0) particles (Ⅳ):new insights

into visible light photo-Fenton-like process with optimum dosage of H_2O_2 and RhB photosensitizers[J]. Journal of hazardous materials,2017,323:611-620.

[132] KAMAT P V. Photoinduced charge transfer between fullerenes (C_{60} and C_{70}) and semiconductor zinc oxide colloids[J]. Journal of the American chemical society,1991,113(25):9705-9707.

[133] KASIRI M B,ALEBOYEH H,ALEBOYEH A. Degradation of Acid Blue 74 using Fe-ZSM$_5$ zeolite as a heterogeneous photo-Fenton catalyst[J]. Applied catalysis B:environmental,2008,84(1-2): 9-15.

[134] KATSUMATA H,TANIGUCHI M,KANECO S,et al. Photocatalytic degradation of bisphenol A by Ag_3PO_4 under visible light [J]. Catalysis communications,2013,34:30-34.

[135] KAUR M,VERMA A,RAJPUT H. Potential use of Foundry Sand as Heterogeneous catalyst in solar photo-fenton degradation of herbicide isoproturon[J]. International journal of environmental research,2015,9(1):85-92.

[136] KHALEGH R,QADERI F. Optimization of the effect of nanoparticle morphologies on the cost of dye wastewater treatment via ultrasonic/photocatalytic hybrid process[J]. Applied nanoscience, 2019,9(8):1869-1889.

[137] KHAN M M,ANSARI S A,PRADHAN D,et al. Band gap engineered TiO_2 nanoparticles for visible light induced photoelectrochemical and photocatalytic studies[J]. Journal of materials chemistry,2014,2(3):637-644.

[138] KIM S H,JUNG C H,SAHU N,et al. Catalytic activity of Au/ TiO_2 and Pt/TiO_2 nanocatalysts prepared with arc plasma deposition under CO oxidation[J]. Applied catalysis A:general,2013, 454:53-58.

[139] KISCH H. Semiconductor photocatalysis:mechanistic and synthetic aspects[J]. Angewandte chemie international edition,2013,52 (3):812-847.

[140] KLAMERTH N,MALATO S,AGÜERA A,et al. Photo-Fenton and modified photo-Fenton at neutral pH for the treatment of emerging contaminants in wastewater treatment plant effluents:a comparison[J]. Water research,2013,47(2):833-840.

[141] KOHANTORABI M,GIANNAKIS S,GHOLAMI M R,et al. A systematic investigation on the bactericidal transient species generated by photo-sensitization of natural organic matter (NOM) during solar and photo-Fenton disinfection of surface waters[J]. Applied catalysis B:environmental,2019,244:983-995.

[142] KONSTANTINOU I K,SAKELLARIDES T M,SAKKAS V A, et al. Photocatalytic degradation of selected s-triazine herbicides and organophosphorus insecticides over aqueous TiO_2 suspensions [J]. Environmental science and technology,2001,35(2):398-405.

[143] KÖRÖSI L,PRATO M,SCARPELLINI A,et al. H_2O_2-assisted photocatalysis on flower-like rutile TiO_2 nanostructures:rapid dye degradation and inactivation of bacteria[J]. Applied surface science,2016,365:171-179.

[144] KOSCO J,BIDWELL M,CHA H,et al. Enhanced photocatalytic hydrogen evolution from organic semiconductor heterojunction nanoparticles[J]. Nature materials,2020,19(5):559-565.

[145] KOTTAPPARA R,PALANTAVIDA S,VIJAYAN B K. Enhancing semiconductor photocatalysis with carbon nanostructures for water/air purification and self-cleaning applications[M]//Carbon Based Nanomaterials for Advanced Thermal and Electrochemical Energy Storage and Conversion. Amsterdam:Elsevier,2019: 139-172.

[146] KUMAR M R A,ABEBE B,NAGASWARUPA H P,et al. Enhanced photocatalytic and electrochemical performance of TiO_2-Fe_2O_3 nanocomposite:its applications in dye decolorization and as supercapacitors[J]. Scientific reports,2020,10(1):1249.

[147] KUMAR S,SHARMA V,BHATTACHARYYA K,et al. N-doped ZnO-MoS_2 binary heterojunctions:the dual role of 2D MoS_2 in the enhancement of photostability and photocatalytic activity under visible light irradiation for tetracycline degradation[J]. Materials chemistry frontiers,2017,1(6):1093-1106.

[148] LATTA D E,MISHRA B,COOK R E,et al. Stable U(IV) complexes form at high-affinity mineral surface sites[J]. Environmental science and technology,2014,48(3):1683-1691.

[149] LAZARATOU C V,VAYENAS D V,PAPOULIS D. The role of clays,clay minerals and clay-based materials for nitrate removal from water systems:a review[J]. Applied clay science,2020,185:105377.

[150] LEE C H,LIN T S,MOU C Y. EPR studies of free radical reactions of C_{60} embedded in mesoporous MCM-41 materials in aqueous solution [J]. Physical chemistry chemical physics,2002,4(13):3106-3111.

[151] LI G L,ZHOU C H,FIORE S,et al. Interactions between microorganisms and clay minerals:new insights and broader applications [J]. Applied clay science,2019a,177:91-113.

[152] LI G P,MAO L Q. Magnetically separable Fe_3O_4-Ag_3PO_4 sub-micrometre composite:facile synthesis,high visible light-driven photocatalytic efficiency, and good recyclability[J]. RSC advances,2012a,2(12):5108.

[153] LI H L,WU P X,DANG Z,et al. Synthesis,characterization,and visible-light photo-Fenton catalytic activity of hydroxy Fe/Al-intercalated montmorillonite[J]. Clays and clay minerals,2011,59

(5):466-477.

[154] LI J Z,MA Y,YE Z F,et al. Fast electron transfer and enhanced visible light photocatalytic activity using multi-dimensional components of carbon quantum dots@3D daisy-like In_2S_3/single-wall carbon nanotubes[J]. Applied catalysis B:environmental,2017a, 204:224-238.

[155] LI Q,ZHAO T T,LI M,et al. One-step construction of Pickering emulsion via commercial TiO_2 nanoparticles for photocatalytic dye degradation[J]. Applied catalysis B:environmental,2019b,249: 1-8.

[156] LI S P,GU X Q,ZHAO Y L,et al. Enhanced visible-light photocatalytic activity and stability by incorporating a small amount of MoS_2 into Ag_3PO_4 microcrystals[J]. Journal of materials science: materials in electronics,2016,27(1):386-392.

[157] LI X N,HUANG R K,HU Y H,et al. A templated method to Bi_2WO_6 hollow microspheres and their conversion to double-shell Bi_2O_3/Bi_2WO_6 hollow microspheres with improved photocatalytic performance[J]. Inorganic chemistry,2012b,51(11):6245-6250.

[158] LI Y H,CHENG S W,YUAN C S,et al. Removing volatile organic compounds in cooking fume by nano-sized TiO_2 photocatalytic reaction combined with ozone oxidation technique[J]. Chemosphere,2018,208:808-817.

[159] LI Y M,JIN Y,LI H Y. Solar photooxidation of azo dye over mixed(Al-Fe) pillared bentonite using hydrogen peroxide[J]. Reaction kinetics and catalysis letters,2005,85(2):313-321.

[160] LI Y M,LU Y Q,ZHU X L. Photo-Fenton discoloration of the azo dye X-3B over pillared bentonites containing iron[J]. Journal of hazardous materials,2006,132(2-3):196-201.

[161] LI Y,CAI X J,GUO J W,et al. Fe/Ti co-pillared clay for enhanced

arsenite removal and photo oxidation under UV irradiation[J]. Applied surface science,2015,324:179-187.

[162] LI Y,ZHAO J,YOU W,et al. Gold nanorod@iron oxide core-shell heterostructures: synthesis, characterization, and photocatalytic performance[J]. Nanoscale,2017b,9(11):3925-3933.

[163] LIANG Y,SHANG R,LU J,et al. Ag_3PO_4@UMOFNs core-shell structure: two-dimensional MOFs promoted photoinduced charge separation and photocatalysis[J]. ACS applied materials and interfaces,2018,10(10):8758-8769.

[164] LIAU L C K,LIN C C. Fabrication and characterization of Fe^{3+}-doped titania semiconductor electrodes with p-n homojunction devices[J]. Applied surface science,2007,253(21):8798-8801.

[165] LIM J,MONLLOR-SATOCA D,JANG J S,et al. Visible light photocatalysis of fullerol-complexed TiO_2 enhanced by Nb doping [J]. Applied catalysis B:environmental,2014,152-153:233-240.

[166] LIMA M J,SILVA C G,SILVA A M T,et al. Homogeneous and heterogeneous photo-Fenton degradation of antibiotics using an innovative static mixer photoreactor[J]. Chemical engineering journal,2017,310:342-351.

[167] LIN S X,WEN C P,WANG M J,et al. Polar semiconductor heterojunction structure energy band diagram considerations [J]. Journal of applied physics,2016,119(12):124501.

[168] LING L L,LIU Y,PAN D,et al. Catalytic detoxification of pharmaceutical wastewater by Fenton-like reaction with activated alumina supported CoMnAl composite metal oxides catalyst [J]. Chemical engineering journal,2020,381:122607.

[169] LION Y,GANDIN E,VAN DE VORST A. On the production of nitroxide radicals by singlet oxygen reaction:an epr study[J]. Photochemistry and photobiology,1980,31(4):305-309.

[170] LIU B,WU C H,MIAO J W,et al. All inorganic semiconductor nanowire mesh for direct solar water splitting[J]. ACS nano, 2014a,8(11):11739-11744.

[171] LIU C,TANG J,CHEN H M,et al. A fully integrated nanosystem of semiconductor nanowires for direct solar water splitting[J]. Nano letters,2013a,13(6):2989-2992.

[172] LIU R L,XIAO D X,GUO Y G,et al. A novel photosensitized Fenton reaction catalyzed by sandwiched iron in synthetic nontronite[J]. RSC advances,2014b,4(25):12958.

[173] LIU T H,CHEN X J,DAI Y Z,et al. Synthesis of Ag_3PO_4 immobilized with sepiolite and its photocatalytic performance for 2,4-dichlorophenol degradation under visible light irradiation[J]. Journal of alloys and compounds,2015,649:244-253.

[174] LIU T,ZHANG H. Novel Fe-doped anatase TiO_2 nanosheet hierarchical spheres with 94% {001} facets for efficient visible light photodegradation of organic dye[J]. RSC advances,2013b,3(37):16255.

[175] LIU W,WANG M L,XU C X,et al. Ag_3PO_4/ZnO:an efficient visible-light-sensitized composite with its application in photocatalytic degradation of Rhodamine B[J]. Materials research bulletin, 2013c,48(1):106-113.

[176] LIU Y Z,XU X Y,ZHANG J Q,et al. Flower-like MoS_2 on graphitic carbon nitride for enhanced photocatalytic and electrochemical hydrogen evolutions[J]. Applied catalysis B:environmental, 2018a,239:334-344.

[177] LIU Y Z,ZHANG H Y,KE J,et al. 0D (MoS_2)/2D (g-C_3N_4) heterojunctions in Z-scheme for enhanced photocatalytic and electrochemical hydrogen evolution[J]. Applied catalysis B:environmental,2018b,228:64-74.

[178] MA J F,ZOU J,LI L Y,et al. Synthesis and characterization of

Ag_3PO_4 immobilized in bentonite for the sunlight-driven degradation of Orange Ⅱ [J]. Applied catalysis B: environmental, 2013, 134-135:1-6.

[179] MA S, KIM K, CHUN S M, et al. Plasma-assisted advanced oxidation process by a multi-hole dielectric barrier discharge in water and its application to wastewater treatment [J]. Chemosphere, 2020, 243:125377.

[180] MA Z C, REN L M, XING S T, et al. Sodium dodecyl sulfate modified $FeCo_2O_4$ with enhanced Fenton-like activity at neutral pH [J]. The journal of physical chemistry C, 2015, 119(40):23068-23074.

[181] MACEDO L C, ZAIA D A M, MOORE G J, et al. Degradation of leather dye on TiO_2: a study of applied experimental parameters on photoelectrocatalysis[J]. Journal of photochemistry and photobiology A: chemistry, 2007, 185(1):86-93.

[182] MAEDA K. Metal-complex/semiconductor hybrid photocatalysts and photoelectrodes for CO_2 reduction driven by visible light[J]. Advanced materials, 2019, 31(25):1808205.

[183] MARSCHALL R. Photocatalysis: semiconductor composites: strategies for enhancing charge carrier separation to improve photocatalytic activity [J]. Advanced functional materials, 2014, 24(17):2420.

[184] MARTIN D J, LIU G G, MONIZ S J A, et al. Efficient visible driven photocatalyst, silver phosphate: performance, understanding and perspective [J]. Chemical society reviews, 2015, 44(21):7808-7828.

[185] MARTINEZ-HUITLE C A, PANIZZA M. Electrochemical oxidation of organic pollutants for wastewater treatment[J]. Current opinion in electrochemistry, 2018, 11:62-71.

[186] MAZILLE F, SCHOETTL T, KLAMERTH N, et al. Field solar

degradation of pesticides and emerging water contaminants mediated by polymer films containing titanium and iron oxide with synergistic heterogeneous photocatalytic activity at neutral pH[J]. Water research,2010,44(10):3029-3038.

[187] MEI W D,SONG H,TIAN Z Y,et al. Efficient photo-Fenton like activity in modified MIL-53(Fe) for removal of pesticides:regulation of photogenerated electron migration[J]. Materials research bulletin,2019,119:110570.

[188] MENDEZ J C,HIEMSTRA T. High and low affinity sites of ferrihydrite for metal ion adsorption:data and modeling of the alkaline-earth ions Be,Mg,Ca,Sr,Ba,and Ra[J]. Geochimica et cosmochimica acta,2020,286:289-305.

[189] MINELLA M,MARCHETTI G,DE LAURENTIIS E,et al. Photo-Fenton oxidation of phenol with magnetite as iron source[J]. Applied catalysis B:environmental,2014,154-155:102-109.

[190] MIRANDA L D L,BELLATO C R,MILAGRES J L,et al. Hydrotalcite-TiO_2 magnetic iron oxide intercalated with the anionic surfactant dodecylsulfate in the photocatalytic degradation of methylene blue dye[J]. Journal of environmental management,2015,156:225-235.

[191] MISHRA A,MEHTA A,BASU S M. Clay supported TiO_2 nanoparticles for photocatalytic degradation of environmental pollutants:a review[J]. Journal of environmental chemical engineering,2018,6(5):6088-6107.

[192] MOREIRA F C,BOAVENTURA R A R,BRILLAS E,et al. Degradation of trimethoprim antibiotic by UVA photoelectro-Fenton process mediated by Fe(Ⅲ)-carboxylate complexes[J]. Applied catalysis B:environmental,2015,162:34-44.

[193] MOZIA S,TOMASZEWSKA M,MORAWSKI A W. Photocata-

lytic degradation of azo-dye Acid Red 18[J]. Desalination,2005,
185(1-3):449-456.

[194] MURGOLO S,FRANZ S,ARAB H,et al. Degradation of emer-
ging organic pollutants in wastewater effluents by electrochemical
photocatalysis on nanostructured TiO_2 meshes [J]. Water re-
search,2019,164:114920.

[195] MUTTAKIN M,MITRA S,THU K,et al. Theoretical framework
to evaluate minimum desorption temperature for IUPAC classified
adsorption isotherms[J]. International journal of heat and mass
transfer,2018,122:795-805.

[196] NAING H H,WANG K,LI Y,et al. Sepiolite supported $BiVO_4$
nanocomposites for efficient photocatalytic degradation of organic
pollutants:insight into the interface effect towards separation of
photogenerated charges [J]. Science of the total environment,
2020,722:137825.

[197] NESIC J,MANOJLOVIC D,JOVIC M,et al. Fenton-like oxidation
of azo dye using mesoporous Fe/TiO_2 prepared by microwave-as-
sisted hydrothermal process[J]. Journal of the serbian chemical
society,2014,79(8):977-991.

[198] NEVES C M B,FILIPE O M S,MOTA N,et al. Photodegradation
of metoprolol using a porphyrin as photosensitizer under homoge-
neous and heterogeneous conditions[J]. Journal of hazardous ma-
terials,2019,370:13-23.

[199] NEYENS E,BAEYENS J. A review of classic Fenton's peroxida-
tion as an advanced oxidation technique[J]. Journal of hazardous
materials,2003,98(1-3):33-50.

[200] NICHELA D A,DONADELLI J A,CARAM B F,et al. Iron cyc-
ling during the autocatalytic decomposition of benzoic acid deriva-
tives by Fenton-like and photo-Fenton techniques[J]. Applied ca-

talysis B:environmental,2015,170-171:312-321.

[201] NOVOA-LUNA K A,MENDOZA-ZEPEDA A,NATIVIDAD R, et al. Biological hazard evaluation of a pharmaceutical effluent before and after a photo-Fenton treatment[J]. Science of the total environment,2016,569-570:830-840.

[202] NUGRAHA J,FATIMAH I. Evaluation of photodegradation efficiency on semiconductor immobilized clay photocatalyst by using probit model approximation[J]. International journal of chemical and analytical science,2013,4(2):125-130.

[203] OBREGÓN S,COLÓN G. On the different photocatalytic performance of $BiVO_4$ catalysts for Methylene Blue and Rhodamine B degradation[J]. Journal of molecular catalysis A:chemical,2013,376:40-47.

[204] ONA-NGUEMA G,MORIN G,WANG Y,et al. XANES evidence for rapid arsenic(Ⅲ) oxidation at magnetite and ferrihydrite surfaces by dissolved O(2) via Fe(2+)-mediated reactions[J]. Environmental science and technology,2010,44(14):5416-5422.

[205] OTUNOLA B O,OLOLADE O O. A review on the application of clay minerals as heavy metal adsorbents for remediation purposes [J]. Environmental technology and innovation,2020,18:100692.

[206] PAGACZ J,PIELICHOWSKI K. Preparation and characterization of PVC/montmorillonite nanocomposites:a review[J]. Journal of vinyl and additive technology,2009,15(2):61-76.

[207] PALMER M,HATLEY H. The role of surfactants in wastewater treatment:impact,removal and future techniques:a critical review [J]. Water research,2018,147:60-72.

[208] PANG X Z, SKILLEN N, GUNARATNE N, et al. Removal of phthalates from aqueous solution by semiconductor photocatalysis:a review[J]. Journal of hazardous materials,2021,402:123461.

[209] PAŹDZIOR K,BILIŃSKA L,LEDAKOWICZ S. A review of the existing and emerging technologies in the combination of AOPs and biological processes in industrial textile wastewater treatment [J]. Chemical engineering journal,2019,376:120597.

[210] PENG K,FU L J,YANG H M,et al. Perovskite LaFeO₃/montmoril-lonite nanocomposites:synthesis,interface characteristics and enhanced photocatalytic activity[J]. Scientific reports,2016,6:19723.

[211] PRANEETH NVS,PARIA S. Clay-Semiconductor Nanocompos-ites for Photocatalytic Applications[M]. Now York:Nova Science Publishers,2017.

[212] PRIMO O,RIVERO M J,ORTIZ I. Photo-Fenton process as an ef-ficient alternative to the treatment of landfill leachates[J]. Journal of hazardous materials,2008,153(1-2):834-842.

[213] QI Y B,MOHAPATRA S K,BOK KIM S,et al. Solution doping of organic semiconductors using air-stable n-dopants[J]. Applied physics letters,2012,100(8):083305.

[214] QIN D D,BI Y P,FENG X J,et al. Hydrothermal growth and pho-toelectrochemistry of highly oriented, crystalline anatase TiO₂ nanorods on transparent conducting electrodes[J]. Chemistry of materials,2015,27(12):4180-4183.

[215] QU J G,LI N N,LIU B J,et al. Preparation of BiVO₄/bentonite catalysts and their photocatalytic properties under simulated solar irradiation [J]. Materials science in semiconductor processing, 2013,16(1):99-105.

[216] QU J H,WANG H C,WANG K J,et al. Municipal wastewater treatment in China:development history and future perspectives [J]. Frontiers of environmental science and engineering,2019,13 (6):1-7.

[217] RAHIM POURAN S,ABDUL RAMAN A A,WAN DAUD W M

A. Review on the application of modified iron oxides as heterogeneous catalysts in Fenton reactions[J]. Journal of cleaner production,2014,64:24-35.

[218] RAMOS K,JIMÉNEZ Y,LINARES C. Synthesis and characterization of oxides:MgAl,MgFe,FeAl and MgFeAl for the phenol degradation with Photo-Fenton solar[J]. Revista Latinoamericana de metalurgia y materiales,2015,35(2):315-325.

[219] RAN J R,JARONIEC M,QIAO S Z. Cocatalysts in semiconductor-based photocatalytic CO_2 reduction:achievements,challenges, and opportunities[J]. Advanced materials,2018,30(7):1704649.

[220] ROBIN V,TERTRE E,BEAUCAIRE C,et al. Experimental data and assessment of predictive modeling for radium ion-exchange on beidellite,a swelling clay mineral with a tetrahedral charge[J]. Applied geochemistry,2017,85:1-9.

[221] RODRÍGUEZ-GIL J L,CATALÁ M,ALONSO S G,et al. Heterogeneous photo-Fenton treatment for the reduction of pharmaceutical contamination in Madrid rivers and ecotoxicological evaluation by a miniaturized fern spores bioassay[J]. Chemosphere,2010,80 (4):381-388.

[222] ROUDI A M,AKHLAGHI E,CHELLIAPAN Set al. Treatment of landfill leachate via Advanced Oxidation Process(AOPs):a review[J]. Research journal of pharmaceutical biological and chemical sciences,2015,6(4):260-271.

[223] SAION E,GHARIBSHAHI E,NAGHAVI K. Size-controlled and optical properties of monodispersed silver nanoparticles synthesized by the radiolytic reduction method[J]. International journal of molecular sciences,2013,14(4):7880-7896.

[224] SALGOT M,FOLCH M. Wastewater treatment and water reuse [J]. Current opinion in environmental science and health,2018,2:

64-74.

[225] SALIMIAN S,AZIM ARAGHI M E,GOLIKAND A N. Prepara-
tion and characterization of semiconductor GNR-CNT nanocom-
posite and its application in FET[J]. Journal of physics and chem-
istry of solids,2016,91:170-181.

[226] SÁNCHEZ L,PERAL J,DOMÈNECH X. Aniline degradation by
combined photocatalysis and ozonation[J]. Applied catalysis B:en-
vironmental,1998,19(1):59-65.

[227] SASAKI Y,DE IWASE A,KATO H,et al. The effect of co-cata-
lyst for Z-scheme photocatalysis systems with an Fe^{3+}/Fe^{2+} elec-
tron mediator on overall water splitting under visible light irradia-
tion[J]. Journal of catalysis,2008,259(1):133-137.

[228] SAYAMA K,MUKASA K,ABE R,et al. A new photocatalytic
water splitting system under visible light irradiation mimicking a
Z-scheme mechanism in photosynthesis[J]. Journal of photochem-
istry and photobiology A:chemistry,2002,148(1-3):71-77.

[229] SEKIGUCHI K,SASAKI C,SAKAMOTO K. Synergistic effects
of high-frequency ultrasound on photocatalytic degradation of al-
dehydes and their intermediates using TiO_2 suspension in water
[J]. Ultrasonics sonochemistry,2011,18(1):158-163.

[230] SERPONE N,BORGARELLO E,GRÄTZEL M. Visible light in-
duced generation of hydrogen from H_2S in mixed semiconductor
dispersions:improved efficiency through inter-particle electron
transfer[J]. Journal of the chemical society, chemical communica-
tions,1984(6):342-344.

[231] SERRA A,DOMÈNECH X,BRILLAS E,et al. Life cycle assess-
ment of solar photo-Fenton and solar photoelectro-Fenton proces-
ses used for the degradation of aqueous α-methylphenylglycine[J].
Journal of environmental monitoring,2011,13(1):167-174.

[232] SGROI M,ANUMOL T,VAGLIASINDI F G A,et al. Comparison of the new $Cl_2/O_3/UV$ process with different ozone- and UV-based AOPs for wastewater treatment at pilot scale:removal of pharmaceuticals and changes in fluorescing organic matter[J]. Science of the total environment,2021,765:142720.

[233] SHAN C,YANG H,SONG J,et al. Direct electrochemistry of glucose oxidase and biosensing for glucose based on graphene[J]. Analytical chemistry,2009,81(6):2378-2382.

[234] SHANKAR K,BASHAM J I,ALLAM N K,et al. Recent advances in the use of TiO_2 nanotube and nanowire arrays for oxidative photoelectrochemistry[J]. The journal of physical chemistry C,2009,113(16):6327-6359.

[235] SHAO N,HOU Z A,ZHU H X,et al. Novel 3D core-shell structured $CQDs/Ag_3PO_4$@Benzoxazine tetrapods for enhancement of visible-light photocatalytic activity and anti-photocorrosion[J]. Applied catalysis B:environmental,2018,232:574-586.

[236] SHARMA S,DUTTA V,SINGH P,et al. Carbon quantum dot supported semiconductor photocatalysts for efficient degradation of organic pollutants in water:a review[J]. Journal of cleaner production,2019,228:755-769.

[237] SHETTI N P,MALODE S J,NAYAK D S,et al. Fabrication of ZnO nanoparticles modified sensor for electrochemical oxidation of methdilazine[J]. Applied surface science,2019,496:143656.

[238] SIMON Q,DE BARRECA D,BEKERMANN D,et al. Plasma-assisted synthesis of Ag/ZnO nanocomposites:first example of photo-induced H_2 production and sensing[J]. International journal of hydrogen energy,2011,36(24):15527-15537.

[239] SINGH S,FARAZ M,KHARE N. Recent advances in semiconductor-graphene and semiconductor-ferroelectric/ferromagnetic nanohetero-

structures for efficient hydrogen generation and environmental remedia-tion[J]. ACS omega,2020,5(21):11874-11882.

[240] SIRTORI C,ZAPATA A,OLLER I,et al. Decontamination industrial pharmaceutical wastewater by combining solar photo-Fenton and bio-logical treatment[J]. Water research,2009,43(3):661-668.

[241] SIVULA K,LE FORMAL F,GRÄTZEL M. Solar water splitting: progress using hematite (α-Fe$_2$O$_3$) photoelectrodes[J]. ChemSus-Chem,2011,4(4):432-449.

[242] SOBHANI-NASAB A, POURMASOUD S, AHMADI F, et al. Synthesis and characterization of MnWO$_4$/TmVO$_4$ ternary nano-hybrids by an ultrasonic method for enhanced photocatalytic activity in the degradation of organic dyes[J]. Materials letters,2019, 238:159-162.

[243] SRUTHI T,GANDHIMATHI R,RAMESH S T,et al. Stabilized landfill leachate treatment using heterogeneous Fenton and elec-tro-Fenton processes[J]. Chemosphere,2018,210:38-43.

[244] SUN S M,WANG W Z,JIANG D,et al. Bi$_2$WO$_6$ quantum dot-in-tercalated ultrathin montmorillonite nanostructure and its en-hanced photocatalytic performance[J]. Nano research,2014,7(10): 1497-1506.

[245] SUN Z M,LI C Q,DU X,et al. Facile synthesis of two clay miner-als supported graphitic carbon nitride composites as highly effi-cient visible-light-driven photocatalysts[J]. Journal of colloid and interface science,2018,511:268-276.

[246] SUPPES G J,DASARI M A,DOSKOCIL E J,et al. Transesterifi-cation of soybean oil with zeolite and metal catalysts[J]. Applied catalysis A:general,2004,257(2):213-223.

[247] SUZUKI J. Study on ozone treatment of water-soluble polymers. I. Ozone degradation of polyethylene glycol in water[J]. Journal of

applied polymer science,1976,20(1):93-103.

[248] SVERJENSKY D A,FUKUSHI K. A predictive model(ETLM) for As(Ⅲ) adsorption and surface speciation on oxides consistent with spectroscopic data[J]. Geochimica et cosmochimica acta, 2006,70(15):3778-3802.

[249] TAHIR M. Photocatalytic carbon dioxide reduction to fuels in continuous flow monolith photoreactor using montmorillonite dispersed Fe/TiO$_2$ nanocatalyst[J]. Journal of cleaner production,2018, 170:242-250.

[250] TANG X X,LIU Y. Heterogeneous photo-Fenton degradation of methylene blue under visible irradiation by iron tetrasulphophthalocyanine immobilized layered double hydroxide at circumneutral pH[J]. Dyes and pigments,2016,134:397-408.

[251] TANG Y C,HUANG X H,WU C N,et al. Characterization and photocatalytic activity of N/TiO$_2$ prepared by a Mechanochemical method using various nitrogenous compounds[J]. Applied mechanics and materials,2011,71-78:748-754.

[252] THOMAS-ARRIGO L K,BYRNE J M,KAPPLER A,et al. Impact of organic matter on iron(Ⅱ)-catalyzed mineral transformations in ferrihydrite-organic matter coprecipitates[J]. Environmental science and technology,2018,52(21):12316-12326.

[253] THUY N M,VAN D Q,HAI L T H,et al. The solvent influent on the properties of TiO$_2$:V^{4+} nanoparticles prepared by hydrothermal method[J]. Advanced materials research,2012,548:105-109.

[254] TIYA-DJOWE A,RUTH N,KAMGANG-YOUBI G,et al. FeO$_x$-kaolinite catalysts prepared via a plasma-assisted hydrolytic precipitation approach for Fenton-like reaction[J]. Microporous and mesoporous materials,2018,255:148-155.

[255] TONG T Z,ZHANG J L,TIAN B Z,et al. Preparation of Fe^{3+}-

doped TiO₂ catalysts by controlled hydrolysis of titanium alkoxide and study on their photocatalytic activity for methyl orange degradation[J]. Journal of hazardous materials,2008,155(3):572-579.

[256] USMAN M,CHEEMA S A,FAROOQ M. Heterogeneous Fenton and persulfate oxidation for treatment of landfill leachate:a review supplement[J]. Journal of cleaner production,2020,256:120448.

[257] USSENOV Y A,VON WAHL E,MARVI Z,et al. Langmuir probe measurements in nanodust containing argon-acetylene plasmas[J]. Vacuum,2019,166:15-25.

[258] VAYA D,SUROLIA P K. Semiconductor based photocatalytic degradation of pesticides:an overview[J]. Environmental technology and innovation,2020,20:101128.

[259] VILAR V J P,MOREIRA F C,FERREIRA A C C,et al. Biodegradability enhancement of a pesticide-containing bio-treated wastewater using a solar photo-Fenton treatment step followed by a biological oxidation process[J]. Water research,2012,46(15):4599-4613.

[260] VILAR V J P,ROCHA E M R,MOTA F S,et al. Treatment of a sanitary landfill leachate using combined solar photo-Fenton and biological immobilized biomass reactor at a pilot scale[J]. Water research,2011,45(8):2647-2658.

[261] WANG C Q,SUN R R,HUANG R,et al. A novel strategy for enhancing heterogeneous Fenton degradation of dye wastewater using natural pyrite:kinetics and mechanism[J]. Chemosphere,2021,272:129883.

[262] WANG C,SHI H S,LI Y. Synthesis and characteristics of natural zeolite supported Fe³⁺-TiO₂ photocatalysts[J]. Applied surface science,2011a,257(15):6873-6877.

[263] WANG C,ZHU J X,WU X Y,et al. Photocatalytic degradation of

bisphenol A and dye by graphene-oxide/Ag_3PO_4 composite under visible light irradiation[J]. Ceramics international, 2014a, 40(6): 8061-8070.

[264] WANG F F, LI Q, XU D S. Recent progress in semiconductor-based nanocomposite photocatalysts for solar-to-chemical energy conversion[J]. Advanced energy materials, 2017, 7(23): 1700529.

[265] WANG H L, ZHANG L S, CHEN Z G, et al. Semiconductor hetero-junction photocatalysts: design, construction, and photocatalytic performances[J]. Chemical society reviews, 2014b, 43(15): 5234.

[266] WANG H Q, YE Z F, LIU C, et al. Visible light driven Ag/Ag_3PO_4/AC photocatalyst with highly enhanced photodegradation of tetracycline antibiotics[J]. Applied surface science, 2015, 353: 391-399.

[267] WANG J, WANG Z J, VIEIRA C L Z, et al. Review on the treatment of organic pollutants in water by ultrasonic technology[J]. Ultrasonics sonochemistry, 2019a, 55: 273-278.

[268] WANG N, ZHU L H, LEI M, et al. Ligand-induced drastic enhancement of catalytic activity of nano-$BiFeO_3$ for oxidative degradation of bisphenol A[J]. ACS catalysis, 2011b, 1(10): 1193-1202.

[269] WANG S C, CHEN P, BAI Y, et al. New $BiVO_4$ dual photoanodes with enriched oxygen vacancies for efficient solar-driven water splitting[J]. Advanced materials, 2018a, 30(20): 1800486.

[270] WANG T C, ZHOU L L, CAO Y, et al. Decomplexation of Cu(II)-natural organic matter complex by non-thermal plasma oxidation: process and mechanisms [J]. Journal of hazardous materials, 2020a, 389: 121828.

[271] WANG W N, STROHBEEN P J, LEE D, et al. The role of surface oxygen vacancies in $BiVO_4$[J]. Chemistry of materials, 2020b, 32(7): 2899-2909.

[272] WANG W,ZHANG J,CHEN T,et al. Preparation of TiO$_2$-modified biochar and its characteristics of photo-catalysis degradation for enrofloxacin[J]. Scientific reports,2020c,10(1):6588.

[273] WANG W,ZHU Q,QIN F,et al. Fe doped CeO$_2$ nanosheets as Fenton-like heterogeneous catalysts for degradation of salicylic acid[J]. Chemical engineering journal,2018b,333:226-239.

[274] WANG X N,ZHANG X C,ZHANG Y,et al. Nanostructured semiconductor supported iron catalysts for heterogeneous photo-Fenton oxidation: a review[J]. Journal of materials chemistry A, 2020d,8(31):15513-15546.

[275] WANG X W,MU B,WANG W B,et al. A comparative study on color properties of different clay minerals/BiVO$_4$ hybrid pigments with excellent thermal stability[J]. Applied clay science,2019b, 181:105221.

[276] WEI G T,FAN C Y,ZHANG L Y,et al. Photo-Fenton degradation of methyl orange using H$_3$PW$_{12}$O$_{40}$ supported Fe-bentonite catalyst[J]. Catalysis communications,2012,17:184-188.

[277] WILLIAMS G,KAMAT P V. Graphene-semiconductor nanocomposites:excited-state interactions between ZnO nanoparticles and graphene oxide[J]. Langmuir,2009,25(24):13869-13873.

[278] WU A C,WANG D X,WEI C,et al. A comparative photocatalytic study of TiO$_2$ loaded on three natural clays with different morphologies[J]. Applied clay science,2019a,183:105352.

[279] WU D P,WANG X L,WANG H J,et al. Ultrasonic-assisted synthesis of two dimensional BiOCl/MoS$_2$ with tunable band gap and fast charge separation for enhanced photocatalytic performance under visible light[J]. Journal of colloid and interface science, 2019b,533:539-547.

[280] WU N. Plasmonic metal-semiconductor photocatalysts and photoelec-

trochemical cells:a review[J]. Nanoscale,2018,10(6):2679-2696.

[281] XIA D H,HE H,LIU H D,et al. Persulfate-mediated catalytic and photocatalytic bacterial inactivation by magnetic natural ilmenite [J]. Applied catalysis B:environmental,2018,238:70-81.

[282] XIANG Y B,HUANG Y H,XIAO B,et al. Magnetic yolk-shell structure of $ZnFe_2O_4$ nanoparticles for enhanced visible light photo-Fenton degradation towards antibiotics and mechanism study [J]. Applied surface science,2020,513:145820.

[283] XU J G,LI Y Q,YUAN B L,et al. Large scale preparation of Cu-doped α-FeOOH nanoflowers and their photo-Fenton-like catalytic degradation of diclofenac sodium[J]. Chemical engineering journal,2016a,291:174-183.

[284] XU T Y,LIU Y,GE F,et al. Application of response surface methodology for optimization of azocarmine B removal by heterogeneous photo-Fenton process using hydroxy-iron-aluminum pillared bentonite[J]. Applied surface science,2013,280:926-932.

[285] XU T Y,LIU Y,GE F,et al. Simulated solar light photooxidation of azocarmine B over hydroxyl iron-aluminum pillared bentonite using hydrogen peroxide[J]. Applied clay science,2014,100:35-42.

[286] XU T Y,ZHU R L,LIU J,et al. Fullerol modification ferrihydrite for the degradation of acid red 18 under simulated sunlight irradiation[J]. Journal of molecular catalysis A:chemical,2016b,424:393-401.

[287] XU T Y,ZHU R L,SHANG H,et al. Photochemical behavior of ferrihydrite-oxalate system:interfacial reaction mechanism and charge transfer process[J]. Water research,2019a,159:10-19.

[288] XU T Y,ZHU R L,ZHU J X,et al. Ag_3PO_4 immobilized on hydroxy-metal pillared montmorillonite for the visible light driven degradation of acid red 18[J]. Catalysis science and technology,

2016c,6(12):4116-4123.

[289] XU T Y,ZHU R L,ZHU J X,et al. BiVO$_4$/Fe/Mt composite for visible-light-driven degradation of acid red 18[J]. Applied clay science,2016d,129:27-34.

[290] XU T Y,ZHU Y M,DUAN J,et al. Enhanced photocatalytic degradation of perfluorooctanoic acid using carbon-modified bismuth phosphate composite:effectiveness,material synergy and roles of carbon[J]. Chemical engineering journal,2020,395:124991.

[291] XU X M,CHEN W M,ZONG S Y,et al. Magnetic clay as catalyst applied to organics degradation in a combined adsorption and Fenton-like process[J]. Chemical engineering journal,2019b,373:140-149.

[292] XU X Z,CAO D,WANG Z H,et al. Study on ultrasonic treatment for municipal sludge[J]. Ultrasonics sonochemistry,2019c,57:29-37.

[293] XU Y,LI X,CHENG X,et al. Degradation of cationic red GTL by catalytic wet air oxidation over Mo-Zn-Al-O catalyst under room temperature and atmospheric pressure[J]. Environmental science and technology,2012,46(5):2856-2863.

[294] YAMASHITA T,HAYES P. Analysis of XPS spectra of Fe^{2+} and Fe^{3+} ions in oxide materials[J]. Applied surface science,2008,254(8):2441-2449.

[295] YAN H J,YANG H X. TiO$_2$-g-C$_3$N$_4$ composite materials for photocatalytic H$_2$ evolution under visible light irradiation[J]. Journal of alloys and compounds,2011,509(4):26-29.

[296] YAN L G,XU Y Y,YU H Q,et al. Adsorption of phosphate from aqueous solution by hydroxy-aluminum,hydroxy-iron and hydroxy-iron-aluminum pillared bentonites[J]. Journal of hazardous materials,2010,179(1-3):244-250.

[297] YAN Y H,GUAN H Y,LIU S,et al. Ag$_3$PO$_4$/Fe$_2$O$_3$ composite

photocatalysts with an n-n heterojunction semiconductor structure under visible-light irradiation[J]. Ceramics international,2014,40 (7):9095-9100.

[298] YANG L,PENG Y,LUO X,et al. Beyond C_3N_4 π-conjugated metalfree polymeric semiconductors for photocatalytic chemical transformations[J]. Chemical society reviews,2021,50(3):2147-2172.

[299] YANG X,CHEN W,HUANG J,et al. Rapid degradation of methylene blue in a novel heterogeneous Fe_3O_4@rGO@TiO_2-catalyzed photo-Fenton system[J]. Scientific reports,2015,5:10632.

[300] YAO K,LENG S F,LIU Z L,et al. Fullerene-anchored core-shell ZnO nanoparticles for efficient and stable dual-sensitized perovskite solar cells[J]. Joule,2019,3(2):417-431.

[301] YAO W F,ZHANG B,HUANG C P,et al. Synthesis and characterization of high efficiency and stable Ag_3PO_4/TiO_2 visible light photocatalyst for the degradation of methylene blue and rhodamine B solutions[J]. Journal of materials chemistry,2012,22(9):4050.

[302] YE Z P,YE Z,NIKIFOROV A,et al. Influence of mixed-phase TiO_2 on the activity of adsorption-plasma photocatalysis for total oxidation of toluene [J]. Chemical engineering journal, 2021, 407:126280.

[303] YI Z G,YE J H,KIKUGAWA N,et al. An orthophosphate semiconductor with photooxidation properties under visible-light irradiation[J]. Nature materials,2010,9(7):559-564.

[304] YU H G,CAO G Q,CHEN F,et al. Enhanced photocatalytic performance of Ag_3PO_4 by simutaneous loading of Ag nanoparticles and Fe(III) cocatalyst[J]. Applied catalysis B:environmental, 2014,160-161:658-665.

[305] YU H L,LIU G F,JIN R F,et al. Goethite-humic acid coprecipitate mediated Fenton-like degradation of sulfanilamide:the

role of coprecipitated humic acid in accelerating $Fe(\text{III})/Fe(\text{II})$ cycle and degradation efficiency[J]. Journal of hazardous materials,2021,403:124026.

[306] YU J G,DAI G P,HUANG B B. Fabrication and characterization of visible-light-driven plasmonic photocatalyst $Ag/AgCl/TiO_2$ nanotube arrays[J]. The journal of physical chemistry C,2009,113 (37):16394-16401.

[307] YU Y J,DONG C S,ALAHMADI A F,et al. A $p-\pi^*$ conjugated triarylborane as an alcohol-processable n-type semiconductor for organic optoelectronic devices[J]. Journal of materials chemistry C,2019,7(24):7427-7432.

[308] YU Y X,LI A,XU Z H,et al. New insights into the slime coating caused by montmorillonite in the flotation of coal[J]. Journal of cleaner production,2020,242:118540.

[309] YUAN J,HUANG T Y,CHENG P,et al. Enabling low voltage losses and high photocurrent in fullerene-free organic photovoltaics[J]. Nature communications,2019,10:570.

[310] ZADI T,ASSADI A A,NASRALLAH N,et al. Treatment of hospital indoor air by a hybrid system of combined plasma with photocatalysis:case of trichloromethane [J]. Chemical engineering journal,2018,349:276-286.

[311] ZHANG F B,WANG X M,LIU H N,et al. Recent advances and applications of semiconductor photocatalytic technology[J]. Applied sciences,2019,9(12):2489.

[312] ZHANG F,SHI Y J,ZHAO Z S,et al. Influence of semiconductor/insulator/semiconductor structure on the photo-catalytic activity of $Fe_3O_4/SiO_2/$polythiophene core/shell submicron composite[J]. Applied catalysis B:environmental,2014a,150-151:472-478.

[313] ZHANG G K,DING X M,HE F S,et al. Low-temperature synthe-

sis and photocatalytic activity of TiO_2 pillared montmorillonite [J]. Langmuir,2008,24(3):1026-1030.

[314] ZHANG H,ZHAO L X,GENG F L,et al. Carbon dots decorated graphitic carbon nitride as an efficient metal-free photocatalyst for phenol degradation[J]. Applied catalysis B:environmental,2016, 180:656-662.

[315] ZHANG J,SUN Y X. Preparation and photocatalytic properties of visible-light-driven $BiVO_4$/attapulgite composite [J]. Advanced materials research,2013,864-867:601-604.

[316] ZHANG S N,ZHANG S J,SONG L M. Super-high activity of Bi^{3+} doped Ag_3PO_4 and enhanced photocatalytic mechanism[J]. Applied catalysis B:environmental,2014b,152-153:129-139.

[317] ZHANG T,DING Y B,TANG H Q. Generation of singlet oxygen over Bi(V)/Bi(Ⅲ) composite and its use for oxidative degradation of organic pollutants[J]. Chemical engineering journal,2015, 264:681-689.

[318] ZHANG T,XU D,HE F,et al. Application of constructed wetland for water pollution control in China during 1990—2010[J]. Ecological engineering,2012a,47:189-197.

[319] ZHANG X C,ZHANG Y,YU Z K,et al. Facile synthesis of mesoporous anatase/rutile/hematite triple heterojunctions for superior heterogeneous photo-Fenton catalysis[J]. Applied catalysis B:environmental,2020a,263:118335.

[320] ZHANG X H,CHEN Y Z,ZHAO N,et al. Citrate modified ferrihydrite microstructures:facile synthesis,strong adsorption and excellent Fenton-like catalytic properties[J]. RSC adv,2014c,4(41): 21575-21583.

[321] ZHANG Y Z,XIA B Q,RAN J R,et al. Atomic-level reactive sites for semiconductor-based photocatalytic CO_2 reduction [J]. Ad-

vanced energy materials,2020b,10(9):1903879.

[322] ZHANG Y,GU Y,YANG H,et al. Degradation of organic pollu-
tants by photo-Fenton-like system with hematite[J]. Environmen-
tal science,2012b,33(4):1247-1251.

[323] ZHAO N,LIU Y,CHEN J N. Regional industrial production's
spatial distribution and water pollution control:a plant-level ag-
gregation method for the case of a small region in China[J]. Sci-
ence of the total environment,2009,407(17):4946-4953.

[324] ZHAO Y D,XU K,PAN F,et al. Doping,contact and interface en-
gineering of two-dimensional layered transition metal dichalco-
genides transistors[J]. Advanced functional materials, 2017, 27
(19):1603484.

[325] ZHAO Y L,KANG S C,QIN L,et al. Self-assembled gels of Fe-
chitosan/montmorillonite nanosheets:dye degradation by the syn-
ergistic effect of adsorption and photo-Fenton reaction[J]. Chemi-
cal engineering journal,2020,379:122322.

[326] ZHONG Y H,LIANG X L,HE Z S,et al. The constraints of tran-
sition metal substitutions (Ti,Cr,Mn,Co and Ni) in magnetite on
its catalytic activity in heterogeneous Fenton and UV/Fenton re-
action:from the perspective of hydroxyl radical generation[J]. Ap-
plied catalysis B:environmental,2014,150-151:612-618.

[327] ZHOU P,ZHANG J,XIONG Z K,et al. C_{60} Fullerol promoted Fe(Ⅲ)/
H_2O_2 Fenton oxidation:role of photosensitive Fe(Ⅲ)-Fullerol complex
[J]. Applied catalysis B:environmental,2020,265:118264.

[328] ZHOU Z,LATTA D E,NOOR N,et al. Fe(Ⅱ)-catalyzed trans-
formation of organic matter-ferrihydrite coprecipitates:a closer
look using Fe isotopes[J]. Environmental science and technology,
2018,52(19):11142-11150.

[329] ZHU H X,JI Y K,CHEN L F,et al. Pt nanowire-anchored do-

decahedral $Ag_3PO_4\{110\}$ constructed for significant enhancement of photocatalytic activity and anti-photocorrosion properties: spatial separation of charge carriers and Photogenerated Electron utilization[J]. Catalysts, 2020, 10(2):206.

[330] ZHU Y P, ZHU R L, YAN L X, et al. Visible-light Ag/AgBr/ferrihydrite catalyst with enhanced heterogeneous photo-Fenton reactivity via electron transfer from Ag/AgBr to ferrihydrite[J]. Applied catalysis B: environmental, 2018, 239:280-289.

[331] ZHUK N A, LUTOEV V P, LYSYUK A Y, et al. Thermal behavior, magnetic properties, ESR, XPS, Mossbauer and NEXAFS study of Fe-doped $CaCu_3Ti_4O_{12}$ ceramics[J]. Journal of alloys and compounds, 2021, 855:157400.

[332] ZOU Y J, SHI J W, MA D D, et al. In situ synthesis of C-doped $TiO_2@g\text{-}C_3N_4$ core-shell hollow nanospheres with enhanced visible-light photocatalytic activity for H_2 evolution[J]. Chemical engineering journal, 2017, 322:435-444.